写给孩子的前沿科学

# 带孩子走进神奇的核能世界

云图科普馆◎编著

核电站技术研究员　陈　真◎审

什么是核能？它是怎样被发现的？

核能发电安全么？

U0261034

中国铁道出版社有限公司
CHINA RAILWAY PUBLISHING HOUSE CO., LTD.

**图书在版编目（CIP）数据**

带孩子走进神奇的核能世界 / 云图科普馆编著. —北京：
中国铁道出版社有限公司, 2021.9
（写给孩子的前沿科学）
ISBN 978-7-113-27695-9

Ⅰ. ①带… Ⅱ. ①云… Ⅲ. ①核能–儿童读物 Ⅳ. ①TL–49

中国版本图书馆CIP数据核字（2021）第150751号

书　　名：带孩子走进神奇的核能世界
　　　　　DAI HAIZI ZOUJIN SHENQI DE HENENG SHIJIE
作　　者：云图科普馆

责任编辑：陈　胚　　　　　　　　　编辑部电话：（010）51873459
封面设计：刘　莎
责任校对：苗　丹
责任印制：赵星辰

出版发行：中国铁道出版社有限公司（100054，北京市西城区右安门西街8号）
网　　址：http: //www.tdpress.com
印　　刷：三河市兴达印务有限公司
版　　次：2021年9月第1版　2021年9月第1次印刷
开　　本：889 mm×1 194 mm　1/24　印张：8　字数：110千
书　　号：ISBN 978-7-113-27695-9
定　　价：49.00元

# 序　言

小豆丁问："豆包，你知道有的地方已经采用核能供暖了吗？"

豆包摇头道："没有。核能供暖？不危险吗？"

小豆丁反问道："核能发的电你都用上这么久了，核能供暖有什么危险？"

"也是哦！不过暖气片会不会有辐射？"豆包接着问道。

"辐射？"小豆丁惊讶道。

豆包说："对啊，听说核辐射非常吓人。"

小豆丁说："恐惧源自无知。难道你不知道有一种热交换吗？利用这项技术，哪里会有辐射。"

豆包有些恼怒，反问道："那些辐射性的物质都到哪里去了？它们肯定不会凭空消失，对吧？既然你知道这么多，那你给我讲讲呗。"

小豆丁不好意思地说："呃，这个我也不知道。"

"那你知道核能到底来自哪里，它为什么具有那么大的能量吗？"豆包继续追问道。

小豆丁红着脸，摇了摇头。

豆包继续问："那你都知道些什么？"

"⋯⋯⋯⋯"

人类发现核能以后，迅速将其应用到军事、医学、农业、工业、航天等诸多领域。随着全球环境污染的加剧和能源紧缺，核能成为继煤炭、石油、天然气之后又一重要能源。只有掌握了这种新型能源的技术，才能创造更美好的未来。

安全、清洁、源源不断的能源一直都是人类追求的梦想。从目前情况来看，核能有可能成为最具希望的未来能源之一。如果实现了可控核聚变，人类就能拥有源源不断的清洁能源，人类的梦想就可能成真。

目前我们国家，经济发展迅速，能源严重紧缺，所以很重视对核能的研发。

如果你对核能怀有好奇之心，如果你想了解人类发现核能的来龙去脉，如果你想探究原子核世界的一些奥秘，如果你想了解核物理学家的故事，如果你想知道现在核能的新潮流……那么打开本书，你都能找到答案。

为了加深小读者对核能的理解，本书另辟蹊径，从核能的视角出发，用"核能对小豆丁说"引出一个个跟核能有关的故事，并在故事中穿插相关的知识点。在"小豆丁懂得多"板块，对有些知识进行了延伸。为了方便理解，本书还专门增加了一些文本框，对有些知识点加以解释。

废话不多说了，让我们走近核能，一起去探寻人类未来的新能源吧。

# 目　　录

## 核能的自述

## 我不小心被发现了

## 呜呜，我被做成了核武器

## 哈哈，我要给你们送去光明

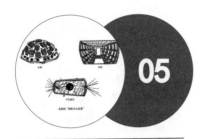

**我还想送你们一瓣太阳**

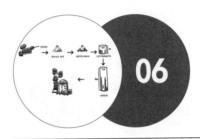

**我还没"成才"时的一些秘密**

## 我产生的废料要怎么处理

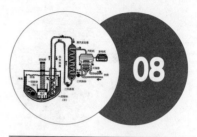

## 听说我又要有一波新浪潮

# 01 核能的自述

就像阳光和空气一样，核能一直都在我们身边。想要利用核能，我们首先得去了解它。

加快工程进度

放射疗法

保证食品的品质

治理虫灾

# 你们了解我吗

## 核能对小豆丁说

　　小豆丁，你知道吗？地球上的万物都是由原子构成的，原子又由原子核和电子构成，而我——核能就是从原子核里释放出的能量。

　　其实，在人类还没有发现我之前，我一直安安静静地待在小小的原子核中，整天无所事事，不知道自己能干什么，也不知道自己的未来会怎样。直到有一天，我"居住"的原子核被卢瑟福无意击中，我千辛万苦隐瞒的"超能力"才被人发现，从此我宁静的生活被打乱。

　　我被无数人研究来、研究去，他们将我"扒"得体无完肤，并且还利用我的"超能力"去做各种实验。我很害怕，我知道自己的"超能力"有多厉害，它可以毁天灭地，这样巨大的能量万一被坏人掌握了，对人类来说是一场灾难啊。

　　可我该怎么办呢？我只是一个拥有"超能力"的小小核能，我没有自己的自由，不能自己当家做主，只能祈求那些使用我的人能有一颗仁慈之心，能好好利用我强大的力量去做对世界有利的事。

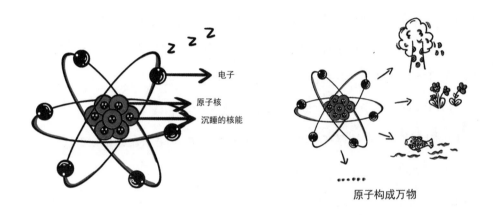

电子

原子核

沉睡的核能

原子构成万物

　　小豆丁，其实我很苦恼自己拥有这样强大的力量，却不能自己当家做主。从我知道自己有"超能力"那一天开始，我就想做个"超级英雄"，想帮人们解决各种难题，让这个世界变得更加美好，不知道这个愿望能不能实现？

　　小豆丁，我希望人类在使用我的"超能力"之前要先了解我，记住我的愿望，让世界变得更美好！

　　世界万物都是由原子构成的。一开始，人们认为原子是不可再分的，不过随着科学的进步，人们进一步发现，原子是由原子核和核外电子组成，而原子核又是由质子和中子组成。

原子非常小（原子直径的数量级是 $10^{-10}$ m），小到我们用肉眼根本看不到。即便原子这么小，却比原子核大很多（原子核直径的数量级是 $10^{-15} \sim 10^{-14}$ m），也就是说，原子的体积是原子核的 1 万到 10 万倍。如果将原子看作地球，那么原子核就相当于地球上一个直径只有几百米的圆球。

你知道吗？原子不仅体积小，质量也很小，原子质量一般为 $10^{-27}$ kg，这种小我们根本感觉不到它的存在。但原子质量的 99.96% 都集中在原子核中。

原子核的体积小，但是相对来说质量很大，所以原子核的密度（大约为 $10^{17}$ kg/m$^3$）非常大。假设原子核的体积达到 1m$^3$，其质量就能达到百万亿吨。

你知道吗？原子核由质子和中子构成，质子和中子之间存在着巨大的吸引力，这种吸引力将质子和中子紧紧束缚在原子核中，使得物质在发生化学反应时不会发生原子核分裂，让其保持住化学特质。

不过，后来科学家发现，虽然化学反应不能让原子核分裂，但是可以通过其他手段让原子核分裂，并释放出巨大的能量。这个能量俗称原子能，也就是核能。

核能的能量很大，可以毁天灭地，但事物都有两面性，我们也可以利用这种巨大的能量去移山填海，创造人间奇迹。比如，我们可以利用核能发电；可以利用核能去开采石油、天然气、铜矿等，这样可以加快工程的进度；还可以利用核能去开挖运河、筑水库这样的大型工程。

核能的具体应用还有很多，我们将在后文细说。

## 小豆丁懂得多

小豆丁发现，人们还可以利用一些放射性元素的辐射（辐照）去消灭害虫，去处理污水、污泥、垃圾，从而改善我们的生活环境。

曾经有个地方有一种螺旋蝇（苍蝇的一种）猖獗。这种苍蝇非常可怕，专门在家畜的伤口上产卵，而幼蝇孵化出来后传播病菌，让家畜快速死亡，这给当地造成很大的损失。于是，当地的科学家在螺旋蝇还在虫蛹时期，就对它们进行辐照，让这些幼虫失去生育能力。因为没有生育能力，所以不能产卵，也就无法繁殖，过不多久这些螺旋蝇就消失了。

# 我希望世界和平

## 核能对小豆丁说

小豆丁，假如有一天你突然发现自己拥有了能毁天灭地的超能力，随便一跺脚就能让四周所有的东西都毁灭，无意间一抬手就会死伤一大片，你会怎么想呢？可能也跟我一样会害怕吧？我害怕自己巨大的能量会毁灭这个世界，我害怕自己强烈的辐射会给人类带来灾难。

虽然我很想跟大家做朋友，很想跟大家一起玩，但是我不敢靠近你们，我只能一个人孤独地活着。

我不想这样孤独终老，我想融入人类的生活，想跟人类一起建设美好的世界，所以，我希望这个世界永远和平。

第二次世界大战时，美国为了制止和惩罚日本帝国主义的侵略，加速日本投降，决定在日本本土投放原子弹。

1945 年 8 月 6 日，美国在日本的广岛投下第一颗代号为"小男孩"的原子弹。这颗原子弹重 5 吨，在距离地面 600 米的空中爆炸。爆炸后立即发出强烈的白光，随即发出震耳欲聋的爆炸声，片刻后整个城市卷起巨大的蘑菇云，广岛陷入一片火海之中。

这个"小男孩"让整个广岛一瞬间被摧毁，7 万多人丧生，让无数人终身残疾。

8 月 9 日，美国又在日本长崎投下一颗代号为"胖子"的原子弹，造成很大的伤亡。

原子弹加快了第二次世界大战的结束，但所造成的后果也让人们反思。

## 小豆丁懂得多

小豆丁发现，核能既可以做成原子弹，也可以用来建设家园。

　　我们可以利用核能发电，减少二氧化碳的排放；可以利用核能去探索宇宙；我们还可以用核辐射去治疗一些疾病，去进行污水处理、杀菌、治理虫害等。

　　你看，核能虽然有很大的破坏性，但是，如果我们将它用到适当的地方，它的"能力"也能变成"好事"。核能是好还是坏，主要看怎么用，用在什么地方。

# 我喜欢在蓝天下做梦

## 核能对小豆丁说

小豆丁，你知道吗？自从人类进入工业文明以后，虽然创造了巨大的物质财富，但也使地球的生态环境系统遭到了破坏，使得人和自然的矛盾越来越大。

你有没有发现，有些物种正在消失！一些极端天气出现得越来越频繁！还有，世界荒漠化现象也越来越严重！如果人类再不重视对地球环境的保护，再不积极行动起来，未来人类的生存将面临严峻的挑战。

值得让人振奋的是，人类已经意识到保护地球的重要性，这让我放心不少。

小豆丁，我知道中国现在非常重视环境保护，除了节能减排，还广植树木。据统计，2000年以来，全世界新增的绿化面积中大约25%都来自中国，你们真是太厉害了！除此之外，你们还努力发展清洁能源，建了很多核电站。

说到核电站，你知道核电站为什么比煤电厂更清洁吗？

工业革命以后，煤炭开始被人类广泛使用。但其实，人类对煤炭的使用，大部分是将其燃烧，这样会产生大量的污染物，从而对环境造成很大的损害。

一座 1 000 兆瓦的煤电厂，每年大约要烧掉 300 万吨的煤，同时会释放大约 700 万吨的二氧化碳，而二氧化碳又会导致温室效应；不仅如此，这样的煤电厂还会释放 1.7 万吨的二氧化硫，600 吨的氧化亚氮，这些氧化物又会产生酸雨；另外，煤渣和尘埃中还含有 75 吨砷、25 吨镉、30 吨铜、30 吨铅、0.3 吨汞、0.68 吨镭、4.3 吨钍、2 吨铀、215 吨的锌，等等。这其中有很多危害人体健康的重金属和放射性物质。

但是，如果是一座 1 000 兆瓦的核电站，一年卸出的乏燃料大约只有 25 吨，这其中主要是铀和钚等重金属。经过后处理后，可减少到 10 吨。并且，

## 乏 燃 料

它又称辐照核燃料，是指受过辐射照射、使用过的核燃料。一般情况下，乏燃料产生于核电站中的核反应堆。核燃料在使用过程中，那些容易裂变的核素（主要是铀）会逐渐减少，导致反应堆中铀含量降低，以至于无法再继续核反应，于是就必须更换。这些经过反应堆辐照后卸下的燃料就是乏燃料。

随着时间的推移，它们会衰变成别的元素，污染性也不断减小。

所以，跟煤电厂相比，核电站对环境产生的污染要小得多。

用煤发电的过程中，从采煤、洗煤、运输、发电到废渣的利用和处置，我们称之为煤电链；用核能发电的过程中，从铀的开采、冶炼、转化、浓缩、元件制造、发电、后处理到废物处理处置一系列过程，称为核电链。煤电链中对人类健康的非辐射危害是核电链的 18 倍，而煤电链辐射的危害是核能链的 50 倍。

600吨的氧化亚氮
1.7万吨的二氧化硫
700万吨的二氧化碳

75吨砷、25吨镉、30吨铜、30吨铅、0.3吨汞、0.68吨镭、4.3吨钍、2吨铀、215吨锌，等等

1000 兆瓦的煤电厂

一年卸出的乏燃料大约25万吨，处理后可减少到10吨，随着时间的推移，它们会衰变成别的元素，毒性也不断减小

核电站 ××

1000 兆瓦的核电站

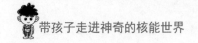
如果用核能来发电，就不会产生那么多的污染物，尤其是不会产生大量的二氧化碳，所以不会加重地球的温室效应。

## 小豆丁懂得多

小豆丁在查找相关资料时，了解到：煤电站是利用煤炭燃烧产生的热量来发电的，而核电站则是利用核能来发电的。

那么，你知道核电站的热量来自哪里吗？是的，当原子核裂变时会释放大量的热量，这个热量会转变成核电站的电能。

# 我能助你们实现太空梦

## 核能对小豆丁说

小豆丁，你知道吗？从古至今，人类对宇宙的探索从未停止过。

当伽利略拿起望远镜好奇地观察遥远的星空时，人类对宇宙的探索就进了一步。人类好奇茫茫的宇宙中是否存在跟地球一样的星球，是否有外星人的存在，并展开了一次又一次的探索，其中就包括向太空发射了很多的太空探测器。

只是，目前人类主要借助于化学燃料来发射太空探测器，而化学燃料的助力是有限的。除了太阳外，离地球最近的恒星也超过 4 个光年，即便宇宙飞船能以光速飞行，也要 4 年多才能到达。这么长时间的飞行，传统的化学燃料已经无法满足。

但如果用我的话，就能解决这个难题哦！要知道，理论上大约 500 克的浓缩铀燃料释放的能量就能让一架飞机围绕地球飞行 80 圈！

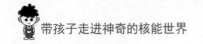

目前，航天器的空间动力源主要有化学电池、太阳能电池阵 – 蓄电池组联合电源和核动力装置这三类。

化学电池的使用寿命短，并且功效也小，如果遇到低温还可能会受到影响。

虽然联合电源的技术成熟，性能也好，使用寿命也长，但是它需要的太阳能电池阵却是一个大大的"累赘"；因为在大功率条件下飞行，大面积的太阳能电池阵会带来较大的飞行阻力，进而消耗掉很多宝贵的能量。同时，太阳能电池阵的面积过大也存在安装和展开的技术性困难，还会增加空间碎片、陨石的打击面，并容易受到辐射等因素的影响。

如果使用空间核动力装置的话，很容易就能实现大功率供电。在相同的功率下，核动力装置跟联合电源相比，体积小、重量轻，所以它受到的阻力也小，受打击的面积也小，并且隐蔽性更好。另外，核动力装置不依赖于太阳辐射，所以不需要对日定向，能全天连续工作。它还具有较强的抗空间碎片撞击的能力，可以在一些恶劣的环境中工作，比如，在尘埃、高温、辐射等环境中工作。

不过，空间核动力装置对核反应堆小型化的要求非常高，现在只有极少数国家掌握这项技术。

早在 20 世纪 50 年代，美国就开始了用核动力推动火箭的研究。

1955 年，美国政府推出了"猎户座计划"，设想通过一系列小的核爆炸让航天器飞离地球。当时的计划是将推进物和核弹组合在一起，将原子弹束或原子弹簇集中爆炸后，使火箭的速度达到 70 km/s，这样航天器只要 125 天就能飞到火星，3 年后就能飞到土星。

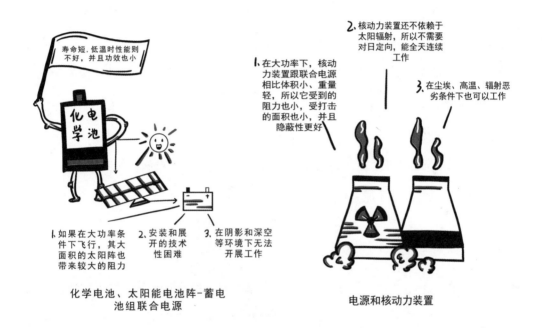

化学电池、太阳能电池阵-蓄电池组联合电源

电源和核动力装置

只是，核动力虽然高效持久，但同时也存在核辐射等巨大危险。为了人类的安全，1963 年，美苏共同签订了禁止在大气层进行核试验的条约，于是"猎户座计划"也就夭折了。

1965 年，美国在 Snapshot 宇宙飞船上进行了核反应堆实验，后来又在"先驱号""伽利略""卡西尼"等深空探测器上装载了核反应堆装置。其中，"卡西尼"

号经过 6 年多的航行，飞行了 35 亿千米的距离，最终进入土星轨道，对土星及其卫星进行了科学考察。如果没有核动力装置，"卡西尼"是不可能飞那么远的。

跟美国将核动力用在卫星、飞船和深空探测器上不同，苏联则主要将核动力反应堆技术用在了火箭上。从 20 世纪 60 年代开始，苏联就成功研制出核火箭发动机的燃料元件和燃料组件，还完成了全尺寸核火箭发动机反应堆的几个实验。

2009 年，俄罗斯向外宣布，将开始研究功率为兆瓦级的"核动力飞船"计划，用核火箭发射太空飞船。

也许，不远的将来，在空间核动力的帮助下，我们去火星旅行的梦想就会实现。

## 小豆丁懂得多

一天，在学习后，爸爸问小豆丁知不知道核动力飞船是通过哪些方式来利用核能的，小豆丁没有回答上来，于是爸爸给小豆丁做了详细的解释。他告诉小豆丁，核动力飞船主要通过以下三种方法来利用核能。

第一种方法：利用核爆炸。这是一个看起来很"疯狂"的行为。简单来说，这种方式就是利用核爆炸的巨大推力来推动飞船前进。在这种飞船上会携带大量的原子弹，然后将它们一颗颗在飞船后引爆，再利用飞船后面的推进盘，将这些爆炸产生的冲击波吸收，从而推动飞船不断前进。

第二种方法：利用核反应堆产生的高速移动离子。核反应堆产生的高能粒子移动速度非常快，当它们从火箭尾部喷射出时会产生一个反冲力，从而推动火箭向前进。可以用磁场来控制这些高能粒子的喷射方向，从而控制火箭的运行方向。采用这种方法的优点就是推动比异常大，无须再携带任何介质，并且还能持续作用。

第三种方法：利用反应堆中核裂变或聚变产生的巨大热能，使推进剂（比如液态氢）迅速膨胀，产生推力，从而推动火箭前进。这是目前最容易利用的方法，目前前两种方法更多是实验或者理论性质的。

# 我能给你们提供清洁的能源

## 核能对小豆丁说

　　自从人类学会了用火，就开始学习利用能源；后来又学会了驯化动物来耕地和运输；然后还学会了利用风力和水力；再后来，又学会了用烧煤和石油来替代烧树木和干草。

　　随着科学技术的不断进步，人类对能源的认识和运用也不断提高。尤其是人类发明了蒸汽机，将热能转化为机械能，从此，人类对能源的需求也急剧增加。

　　后来人类发明了发电机，又将机械能转化为电能，使得能源利用的水平和需求进一步提高。

　　随着经济的发展和人口的增长，人类对能源的需求越来越大，但是地球上的煤、石油等燃料数量是有限的。如何解决这一问题呢？这可能就需要我来帮忙了！

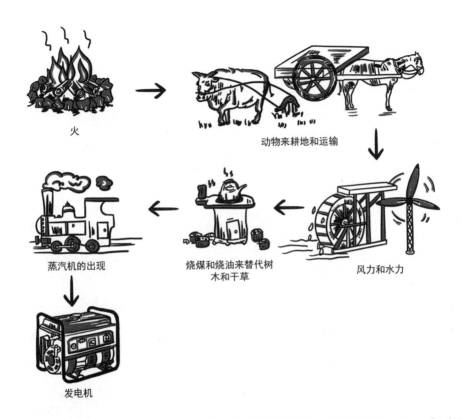

火

动物来耕地和运输

蒸汽机的出现

烧煤和烧油来替代树
木和干草

风力和水力

发电机

根据世界煤炭协会报道，目前地球上煤炭的储量在 1.1 万亿吨左右，根据人类目前消耗的速度估算，大约 150 年后将耗尽。另根据英国石油研究机构统计，地球上的天然气也正在枯竭，并且有可能会比煤炭更早被耗尽。根据世界能源统计评估，2017 年，世界石油储量是 1 696.6 亿桶，如果按目前全球的使用量算，那么石油也将在 50 多年后被耗尽。

　　煤炭、石油、天然气等燃料是不可再生的，并且其燃烧带来的温室效应日趋严重，这些都迫使人类必须找到新的能源。如今，新能源的开发和利用已经成为世界各国政府的一项重要课题，而核能也成了人类一个重要的选择。

　　1942 年，人类建立起第一座核反应堆，第一次实现了可控核裂变。之后原子弹的爆炸让世人看到原子核潜藏的巨大能量。20 世纪 50 年代，各国竞相建造核电站，到 70 年代时，核电站的发展进入高峰。

　　后来因为世界经济增长一度放缓，再加上一些核电站事故的出现，让人们对核电站的安全问题产生了担忧，于是核电站的建设增速开始放缓。

　　截至 2019 年 7 月 1 日，世界共计有 31 个国家建立了核电站，运行的核反应堆有 417 座。2018 年，"五大"核能发电国家依次是美国、法国、中国、俄罗斯和韩国，这 5 个国家的核电量占世界核电总量的 70%，仅美国和法国的核电量就占全球总量的 47%，几乎是一半。

　　跟其他核电大国相比，我国的核电虽然起步较晚，但是发展迅速。仅 2018 年 5 月到 10 月，就并网 7 座反应堆；2019 年 6 月又并网 2 座反应堆。截至 2019 年年中，全世界在建的 46 座反应堆中，中国就占 10 座。

　　我国的能源结构以煤炭为主，为了保护我们的绿水青山，我们必须发展清洁能源。除了水电、风能、太阳能外，核能也是一个重要的方向。2018 年，我国核电占总发电量 4.2%。截至 2019 年 6 月底，中国运行的反应堆有 47 座（未统计台湾地区）。

未来，核电依然是我国能源清洁化、低碳化的最好选择；我国核电发展的总趋势不会变，我国会继续扩大核电站产能。

## 小豆丁懂得多

你知道核电站都经历了哪些发展阶段吗？

核电站始于 20 世纪 50 年代，经过几十年的发展已经取得很大的成就。根据核电站的工作原理和安全性能我们可将其分为四代。

第一代核电站。1951 年，美国建成了世界上第一座实验性核电站。那时，美国和苏联为了争夺世界霸权，在核能利用方面也处处竞争，苏联也在 1954 年建了一座发电功率为 5 000 千瓦的实验性核电站。美国于 1957 年又建了一座发电功率达 9 万千瓦的原型核电站。

此阶段的核电站验证了利用核能发电的可行性，被称为第一代核电站。

第二代核电站。20 世纪 60 年代后期，各国纷纷开始建立核电站，有的采用"压水堆"技术，有的采用"沸水堆"技术，有的采用"重水堆"技术，有的采用"石墨水冷堆"技术。这些核电站发电功率为几十万千瓦到几百万千瓦不等。

人们将这一时期建立的核电站称为第二代核电站。它们不仅再次验证了核电技术的可行性，还证明了使用核电技术更经济，从而确定了核电站的商业可能性。

第三代核电站。因为之前连接发生了几次核电站事故，让人们对核能产生了恐惧。为了保证核电站的安全，美国和欧洲先后出台了两个文件，对怎样预防和缓解严重核事故做了明确的说明，提高了核电站的安全性。于是人们将满足其中一个文件的核电站称为第三代核电站。

第三代核电技术有很多设计方案，其中最具有代表性的就是美国西屋公司的AP1000和法国阿海珐公司的EPR技术。这两个技术都有很高的安全性，却很难实际应用，开始时使用者寥寥无几。但我国走在了世界的前列，在浙江三门和山东海阳采用了AP1000技术建造了核电站，在广东台山采用了EPR技术建造了核电站，是第三代核电站的先行者。

第四代核电站。2000年，美国、英国等10个国家决定联合起来共同研究第四代核能技术，想要进一步降低核电站的建造成本，更有效地安全使用核能，并减少核废料，防止核扩散。不过，直到现在，第四代核电站还没有建成。

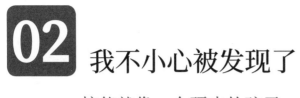

## 02 我不小心被发现了

核能就像一个顽皮的孩子，总是和人类"捉迷藏"，不让人类轻易发现它。那么，它是怎样被发现的呢？这期间又有怎样的故事呢？

# 伦琴如果粗心点，就发现不了 X 射线

## 核能对小豆丁说

小豆丁，跟你啰唆说了一大堆，主要是因为大家对我的第一印象太差了，我怕你们讨厌我，不愿意再搭理我，所以我为自己做了自述，让你们对我有一个客观的认识。

其实我既不是天使，也不是魔鬼，原本只是安静地待在那里，直到有一天一个名叫伦琴的家伙发现了 X 射线。这一发现不得了，引来了更多的人跑来研究，直到最后把我给"挖"出来。

小豆丁，你知道吗？我虽然讨厌伦琴打破了我宁静的生活，却很佩服他的细心，可能也只有他这样细心的人才能有这样的成就吧。以后，你做研究的时候也要细心啊。

当我们用高速运行的电子撞击金属靶时，会产生一种波长极短（比可见光的波长更短），但能量很大的电磁波，这种电磁波就是 X 射线。

因为 X 射线具有很大的能量，所以照射到物体上时，大部分射线会直接从物体原子间的缝隙穿过，只有一小部分会被吸收，因此，X 射线具有很强的穿透性。虽然 X 射线的波长极短，我们肉眼看不到它，但是它能让某些化合物，如磷、铂氰化钡、硫化锌镉、钨酸钙等发生可见的荧光，还能让照相底片感光，从而让我们知道它的存在。

X 射线的发现，跟它的穿透性和让有些物质发出荧光有关。

19 世纪，物理学家在研究低压气体放电和闪电现象时发现，当装有两个电极的玻璃管里的空气被抽到非常稀薄时，两极之间再加几千伏的电压，在阴极对面的玻璃壁上就会出现发光现象，这个光就叫阴极射线。

让科学家疑惑的是，他们并没有看到有什么东西从阴极射出，那么阴极射线又是怎么产生的呢？于是，很多科学家开始对阴极射线进行研究，伦琴就是其中一个。

那是 1895 年 11 月 8 日的傍晚，天还不是很黑，伦琴像往常一样走进实验室，去做一个改良过的阴极射线管实验。

为了阻止外界光线对实验的影响，也不让阴极管内的可见光外泄出去，伦琴用黑纸将放电管仔细地包好，然后关闭了所有的门窗。

当接通电源后，伦琴发现一个奇怪的现象。他发现，在放电管 1 米外的荧光

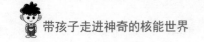

板亮了；切断电源，荧光板就不亮了。

"难道是我的眼睛花了？或者出现了幻觉？"伦琴心里想着，又重复做了实验，可这次他肯定荧光板确实亮了。

这一发现让伦琴很兴奋，他不断重复实验。他将荧光板逐渐移远，甚至将其放到隔壁房间去测试，结果只要放电管接通电源，荧光板就会亮。

"为什么荧光板会亮？难道实验中产生了某种未知的新射线，是它导致荧光板发光的？"伦琴猜测。

为了证实自己的猜想，接连好几天，伦琴都在实验室里不断地做着各种各样的实验。他用木头、玻璃、硬橡胶等做为障碍物，放在放电管和荧光屏中间，结果这些物体根本挡不住这种射线，光屏上依然出现荧光。他又找来各种金属测试，发现除了铅和铂以外，其他的金属也不能挡住这种射线。

有一次，在漆黑的实验室里，伦琴意外发现，新射线还能让照相底片感光。他把手放到荧光板上时，荧光板上出现了完整的手骨影像。这是有史以来，人类第一次看到活人身体内的骨骼影像。这让伦琴感到既害怕又兴奋，他决定继续实验，直到搞清楚出现这个奇怪现象的原因。

1895 年 12 月 28 日，伦琴确认自己已经将所有的现象都观察到了，就写了《一种新射线的初步报告》，并将这种新射线称为 X 射线。

这项伟大的发现很快引起全世界的轰动。当时有人想花大价钱买下伦琴的这一发现的专利权，但是伦琴拒绝了。他说："X射线不是我发明的，它一直都存在着，只是不小心被我'发现'了而已，所以，X射线不是我的私人财产，它应该属于全人类。"

伦琴在做阴极射线管实验时发现X射线

1901年，伦琴因此荣获了诺贝尔奖，并将奖金全部捐赠给自己热爱的沃兹堡大学物理研究所。

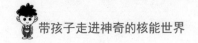

## 小豆丁懂得多

　　在伦琴发现 X 射线过程中，克鲁克斯阴极射线管起了很大作用。如果没有英国人威廉·克鲁克斯发明的阴极射线管，伦琴就没有机会发现 X 射线。你知道克鲁克斯阴极射线管是什么吗？它就是一个可以发出射线的装置。

　　另外，伦琴发现的 X 射线，其实早在 17 年前克鲁克斯也发现过。当时克鲁克斯做实验时发现，只要将照相底片放在阴极射线管附近，照相底片就会变模糊。不过他当时没有深想，以为是底片没有包好，漏光了，才变模糊，于是错过了发现 X 射线的机会。

　　想要有所成就，就要像伦琴那样细心，不放过任何"意外"，并勤于思考、求证，才能在"偶然"中发现机会。

# 贝克勒尔真的是太认真了

## 核能对小豆丁说

小豆丁，你知道吗？虽然科学家发现我的过程看似偶然，其实这些偶然也是必然。就比如下面要讲的科学家的故事。

法国物理学家贝克勒尔，发现了铀具有放射性。他的这一发现看起来简直就是全靠运气，但是，如果不是他认真，而是直接将那些照相纸扔掉，他肯定跟这个伟大的发现失之交臂。

所以，小豆丁，你如果以后想要有所成就，一定要认真、细心，还要勤动脑。

1896年1月的一天，伦琴发现X射线不久，恰逢法国科学院召开例会。在这次例会上，法国著名物理学家庞加莱带来了伦琴的论文，并展示了利用X射线拍出的照片。

参加会议的贝克勒尔，在看到这些照片时就对其产生了浓厚的兴趣。他问庞加莱，X射线是什么物质发出的？又是怎样产生的？当时，这个问题还没人知道。庞加莱解释，X射线是由阴极射线打在放电玻璃管壁引起的，并提出一个猜想：因为在产生X射线时有荧光出现，这可能意味着X射线跟荧光物质有关。而一些荧光物质的一个特性就是，只要太阳光照射在上面，就会发出荧光。那么，这些被太阳光照射并发出荧光的物质，会不会也能发出类似X射线的那种射线呢？

参加完会议，贝克勒尔就急忙回去，开始试验荧光物质会不会产生X射线，或者产生类似X射线的射线。

他先将萤石等磷光物质密封在一个放电管中，将电压调到不会产生X射线的状态下进行试验，并在放电管外包裹着一块用黑纸包着的底片，结果什么都没发现。

后来，因为贝克勒尔的父亲曾证明，铀盐系列的物质能发出特别明亮的磷光，并且他的实验室还保存了大量铀的化合物，于是，贝克勒尔就选用硫酸铀酰钾复盐晶体，作为荧光物质来做实验。他将照相底片用黑纸紧紧地裹好，再在这个纸包外面撒上一层上述荧光粉，然后将其放到阳光下暴晒几个小时，最后把底片洗出来看其是否感光，从而判断荧光粉是否有射线产生。

这样做的原理是什么呢？因为黑纸是不透光的，不会让照相底片感光，若太阳光激发出荧光物质中的射线，这个射线穿透黑纸才会让底片感光。

经过反复试验，贝克勒尔发现，铀盐在太阳光的照射下能让底片感光。后来，为了证明底片的感光的确是因为射线，他还特意在黑纸包和铀盐之间放上了玻璃、硬币和有孔的金属等进行再次试验。

结果，底片都能感光，于是他将自己的这一发现写成报告，呈给了法国科学院。在报告中，他总结道：只要用阳光照射某些荧光物质，它们就会发出类似 X 射线的射线。

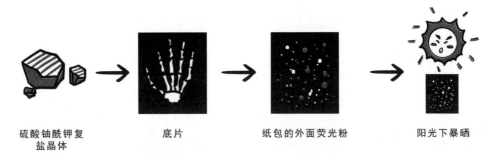

| 硫酸铀酰钾复盐晶体 | 底片 | 纸包的外面荧光粉 | 阳光下暴晒 |

结论：只要用阳光照射荧光物质，它们就会发出类似X射线的射线

阴天　　　　　　没有阳光底片依然感光

结论：含铀的物质会自发发出射线，并且这种射线的强度不受任何物理和化学因素的影响

不过在正式作报告之前，认真的贝克勒尔还想再做一些实验来验证自己的结论。但是没想到，天公不作美，一直几天都是阴雨连绵。没有阳光，贝克勒尔就无法做实验，于是他将准备实验的东西都放进了抽屉锁了起来。

天终于晴了，他准备继续做实验。不过他是个特别细心的人，担心这些底片放在抽屉里好几天会因为漏光而影响实验结果，于是将它们重新换过，并将换过的底片也都冲洗出来。结果就是这个很多人看来多此一举的行动，让他有了意外的发现：这些底片居然都感光了！这说明，这些铀盐即便没有阳光也能放出类似 X 射线的射线啊。

于是，贝克勒尔马上精心设计了一系列实验，最后得出一个结论：含铀的物质会自发发出射线，并且这种射线的强度不受任何物理和化学因素的影响。他还发现，这种含铀物质发出的射线比 X 射线穿透力更强，能发生反射、折射；并且铀化物发出辐射的强度跟铀在该化合物中的重量成正比。

1903 年，发现放射性元素铀的贝克勒尔和随后发现放射性元素钋和镭的居里夫妇一起获得了当年的诺贝尔物理学奖。

虽然贝克勒尔揭示了铀的放射性，却不知道放射性的危害。因为长期毫无保护地接触放射性物质，贝克勒尔的健康受到严重的损害，才 50 多岁就逝世了。贝克勒尔是第一位因为研究放射性物质而牺牲的科学家。为了表彰他的贡献，科学界将放射性物质发出的射线称为"贝克勒尔射线"。

## 小豆丁懂得多

小豆丁，你知道萤石吗？见过萤石吗？

萤石也叫氟石，是自然界常见的一种矿物。它来自火山岩浆的残余物，有紫色、绿色、蓝色、红色等多种颜色。当红色、绿色的萤石被加热到100℃以上时，就会产生磷光；在紫外线的照射下，也会发出荧光；当萤石用日光灯照射后，在黑暗中可以看到它发光。

为什么萤石会发光呢？因为萤石受光照射时，其内部的电子就会由低能状态进入高能状态；当没有外界的刺激后，其内部的电子又由高能状态转入低能状态，这时多余的能量就以光的形式释放出来，表现出来就是萤石会发光。

**硫酸铀酰钾**

它也叫硫酸双氧铀钾，为黄色斜方系晶体，溶于水，加热到120℃时会失去两分子的结晶水。

# 居里夫妇不要那么"狠"好吗

## 核能对小豆丁说

　　小豆丁，你知道吗？在贝克勒尔发现铀及其化合物能不断地发出射线并向外辐射能量后，居里夫人也开始对这一现象产生了浓厚的兴趣。她想知道，这种具有穿透性又跟伦琴发现的 X 射线不同的射线到底具有什么性质，它辐射的能量又来自哪里。

　　居里夫人看到了问题的关键，她对能量来源的追问让我心惊肉跳，这是在向我步步紧逼啊！我闻到了危险的味道。小豆丁，你说我该怎么办？我能到哪里躲一下吗？

　　居里夫人想要将这些问题研究明白，于是，1897 年她将自己的研究课题定为对放射性物质的研究。

　　在研究过程中，居里夫人对之前的测试物质是否具有放射性的方法进行了改进。她设计出一种测量仪器，不仅能方便测出某种物质是否具有放射性，还能测出射线的强弱。根据这个测量工具，她发现铀射线的强度跟物质中铀的含量存在一定的比例关系，而跟铀处于什么状态无关，并且跟外界的环境条件也无关。

除了铀，是不是还有其他物质也具有这种放射性呢？为了验证自己的猜测，居里夫人将当时所有已知的元素及其化合物都检查了一遍，终于有了新发现：钍和钍的化合物也能自发地放出那种看不见的射线。

这说明了什么呢？居里夫人认为，元素能发出射线应该不是铀的特性，而是某类元素的共同特性。她将这类现象称为放射性现象，将那种能发出射线的元素称为放射性元素，将它们所发出的射线称为"放射线"。

居里夫人对放射性的研究并没有就此打住，她还推测，其他一些元素可能也会有放射性，于是她又检查了很多其他复杂的矿物。

经过一次又一次的实验，居里夫人意外地发现，有一种沥青矿的放射性要比预计的强很多。难道是仪器坏了？居里夫人检查仪器后又重新做了实验，但是结果依然如此。经过反复实验后，居里夫人确定，这种矿物中一定含有一种还没被发现的新放射性元素，并且这种元素的含量也非常少。因为之前已经有很多化学家对这种矿物做了精准分析，但并没发现其放射性。

除了具有放射性，没有任何证据表明，这种沥青矿中还存在这种新的物质，但是居里夫人坚信自己的判断。她果断地在实验报告中宣布了自己的发现，并给新元素命名为钋。当时，不是所有人都认同居里夫人的这个发现。为了证明自己正确，居里夫人决定找出证据证实这种新元素的存在。

居里夫人的丈夫居里先生，为了表达对妻子的支持，也果断停下自己手中的研究，投入妻子的研究之中。经过数月的努力，他们不仅发现了之前预测存在的钋，还发现了另外一种新元素，他们将这种新元素取名为镭。

放射性新元素的发现，打破了人们以往的一些理论和概念。一直以来，科学家都认为原子是物质存在的最小单位，是不可以再分割的。但如果是这样，又该怎样解释放射性元素会发出射线的事实呢？

为了找到答案，居里夫妇需要对镭这种新发现的物质进行分析，这首先就需要他们从沥青中分离出更多、更纯净的镭盐。但是沥青中镭的含量不到百万分之一，分离的方法也不清楚。没有资金，没有真正的实验室，只能靠自己研究和设计仪器，这个过程无疑是漫长而困难重重的。是放弃还是继续研究？

对于居里夫妇来说，还有什么比探知未知元素更有吸引力的，他们当然选择继续。为了提高效率，他们决定分头行动，居里夫人继续提炼镭盐，而居里先生则用实验确定镭的特性。

经过 4 年的努力，居里夫人从几吨沥青中提炼出 0.1 克纯净的氯化镭，并测量出镭的原子量，这时镭的存在彻底被证实了。看着手中略带蓝色荧光的白色晶体，居里夫妇终于笑了。

　　1903 年，居里夫妇因为在放射性上的发现和研究，和贝克勒尔共同获得了诺贝尔物理学奖，居里夫人成为历史上第一个获得诺贝尔奖的女性。1911 年，她又因为发现元素钋和镭获得了诺贝尔化学奖。

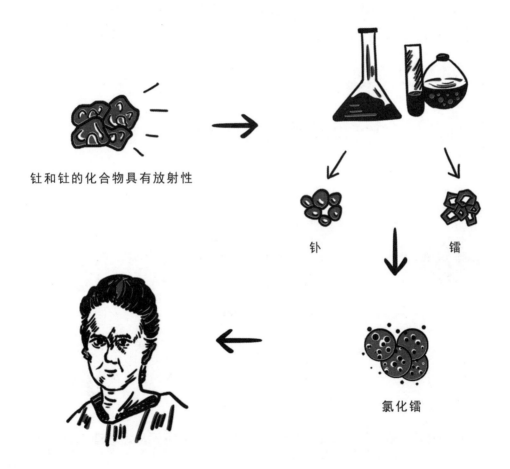

钍和钍的化合物具有放射性

钋　　　　　镭

氯化镭

由于镭具有极大的商业实用性，有人建议居里夫人将镭提纯的技术申请为自己的专利，这样就能发大财。居里夫人却说："那是违背科学精神的，科学家的研究成果应该公开发表，我不应该借此来谋利。"居里夫人将自己提炼镭的方法公之于众，从而推动了放射化学的发展，后来，镭成为治疗癌症的首选物质。

不过，因为长期接触放射性物质，居里夫人的身体也受到的影响，1934年居里夫人因为恶性白血病逝世。

## 小豆丁懂得多

你知道什么是元素吗？地球上又有多少种元素呢？

1869年，俄国化学家门捷列夫将当时已知的63种元素，根据相对原子质量的大小进行排列，并将具有相似化学性质的元素排在同一列，这就是初期的化学元素周期表。后来，随着科学的发展，新元素不断被发现，很多科学家对这张表做了多次的修订，最后才形成现行的元素周期表。

不要小看这张表，这张表把看似没有什么关系的各种元素统一起来，组成了一个完整的体系，从而揭示了物质世界的秘密。

　　在这张表中，元素是根据原子序数排列的。在元素周期表中，科学家将电子层数相同的元素放在同一行，称为一个周期；将最外层电子数相同的元素放在同一列，称为一个族。

# 爱因斯坦，你是外星人吗

## 核能对小豆丁说

小豆丁，你知道吗？居里夫妇把我吓坏了，他们离找到我仅一步之遥。虽然，他们没有找到放射性物质会发出射线的原因，但是，由于居里夫人对放射性的研究，让人们开始探索物质的微观结构，从而发现原子不是不可分割的，原子里面还有原子核，而我就隐藏在原子核中。

其实发现我也还好，但如果不是那个因提出的理论太过超前而被称为"外星人"的爱因斯坦提出的质能方程，人们也发现不了我能产生巨大能量的秘密。

1900年，爱因斯坦大学毕业了。这个"外星人"对物理和数学的热爱简直达到疯狂的地步。大学期间他除了物理和数学，对其他科目根本没兴趣，有时连课都不去听。这样做的后果就是只能勉强毕业，并且因为没有一个好的成绩，他连工作都找不到。

不过，幸亏他还有"一技之长"，因为擅长物理，他开办了一个物理补习班，以此来维持生计。后来，在大学同学的帮助下才有了一份稳定的工作——当一名瑞士伯尔尼专利局的普通职员。

专利局的工作并没有阻挡爱因斯坦对物理学的探寻，他一直关注着物理学上的新动向，对当时物理学中的一些疑难问题，也一直在积极思考着。

1905 年，26 岁的爱因斯坦连续发表了五篇改变物理学，进而改变世界的划时代论文。他提出了著名的"光量子假说"；凭一己之力提出了相对论，开创了物理新纪元；他还提出了著名的质能方程，既 $E=mc^2$（其中，$E$ 表示能量，$m$ 表示质量，$c$ 表示光的速度，其值约为 $3 \times 10^8$ m/s），正是这个公式解开了原子核能量的秘密。由于这一年爱因斯坦发出这么多"天书"，所以，人们将 1905 年称为"爱因斯坦奇迹年"。

不过，天才在没出名之前也只是个普通人。当年，爱因斯坦提出自己的狭义相对论时，并没有引起多大的反响，但是"量子之父"普朗克注意到了爱因斯坦的文章，他称赞爱因斯坦是另一个"哥白尼"。因为得到著名物理学家普朗克的大力称赞，爱因斯坦很快引起了学术界的注意。

别小看了爱因斯坦这个简单公式 $E=mc^2$，它可是彻底颠覆了人们的认知，让人们第一次意识到，原来物质的质量和能量不是彼此孤立的，而是相互联系的。

在爱因斯坦提出这个公式之前，人们始终认为质量是物体本身的一种属性，是不随着物体位置的变化而变化的，在任何反应中质量始终是守恒的。但是，爱因斯坦却告诉我们，质量在不同的参考系（运动状态）下是会发生改变的。

虽然当时人们还没意识到这个公式将会带来怎样的影响，但当原子核裂变被发现后，特别是原子弹被制造出来后，人们通常都用这个公式来解释核裂变放出的巨大能量。

## 小豆丁懂得多

小豆丁，其实爱因斯坦的质能方程揭示了物质质量和能量之间存在一定的关系，它们俩不是相互分开而是不可分割的。这个公式将之前彼此独立的质量守恒定律和能量守恒定律结合成统一的"质能守恒定律"。

至于质量亏损，爱因斯坦是这样认为的：如果有一个物体以辐射的形式向外释放了 $\Delta E$ 的能量，那么它的质量就减少了 $\frac{\Delta E}{c^2}$，也就是 $\Delta E = \Delta mc^2$。这说明一个系统的能量减少时，其质量也相应减少了；一个系统能量增加时，其质量也相应增加了。

例如，在铀 –235 裂变时，核裂变反应方程式是：$^{235}_{92}\text{U} + ^{1}_{0}\text{n} \rightarrow ^{137}_{56}\text{Ba} + ^{97}_{36}\text{Kr} + 2^{1}_{0}\text{n}$。

即用一个中子$^{1}_{0}\text{n}$去轰击铀 –235，会产生$^{137}_{56}\text{Ba}$和$^{97}_{36}\text{Kr}$这两种元素和两个中子，同时释放出能量。产生的两个中子又会和铀 –235 发生裂变，分别产生同样的物质，并释放出能量。这样就会一直裂变，释放能量，直至裂变结束。

根据爱因斯坦的质能公式：$\Delta E = \Delta mc^{2}$，我们可以计算出核裂变释放的能量是多少。

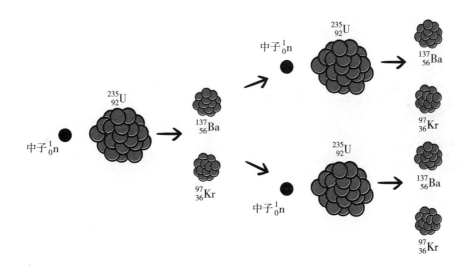

# 讨厌的卢瑟福，竟然向我"开炮"

## 核能对小豆丁说

小豆丁，你知道吗？1897 年对我来说是个"恐怖"年。正当大家忙着探求物质的微观结构时，英国物理学家约瑟夫·约翰·汤姆逊在一次实验中发现，原子中居然存在电子。这一发现打破了英国化学家、物理学家道尔顿曾经提出的"原子是不可再分"的结论，也将我彻底暴露出来。

后来，一些聪明的科学家猜测，既然原子里面有带负电的电子，而原子又是中性的，这就说明原子中一定还有带正电的东西存在。那么，这个带正电的东西是什么呢？电子和带正电的东西在原子中又是怎么分布的呢？

1903 年，约瑟夫·约翰·汤姆逊提出了原子结构的模型假说——"葡萄干布丁"模型。他认为，原子中带正电的部分均匀地分布在整个原子球形中，而带负电的电子则一粒粒"镶嵌"在这个圆球上，电子就像布丁上的葡萄干一样。

约瑟夫·约翰·汤姆逊的原子结构假说，揭开了人类探索原子内部结构的序幕。但这个假说是不是正确呢？还得用实验去证实。后来，约瑟夫·约翰·汤姆逊的学生卢瑟福担起了这个重任。

如果我们将原子看成一个球，怎么才能知道球内部的结构呢？最简单的方法就是用一个硬东西将它"轰"开，这样，里面的构造就一目了然了。但是，原子非常小，只有跟它大小差不多，并且还具有一定速度和质量的带电微粒才能承担起"轰"它的重任。这种微粒是谁呢？放射性的发现提供了这种可能。居里夫人曾经指出放射性是原子的内在过程。

当年，卢瑟福在研究元素放射性时发现，铀及铀的化合物所发出的射线包含两种类型：一种是容易被阻挡物吸收的 α 射线；另一种是具有很强穿透力的 β 射线。后来，卢瑟福经过研究发现，α 射线就是高速运动的氦离子（$He^{2+}$）流。他认为可以用 α 粒子去"轰"开原子核。

怎样"轰"开呢？要知道，想要让 α 粒子轰击单个原子是不可能的，经过再三斟酌，最后卢瑟福选择了金箔。卢瑟福向金箔发射了一束 α 粒子，然后通过闪烁屏观察 α 粒子与金箔的原子在发生作用后是怎么运动的。这就是著名的"α 粒子散射实验"。

卢瑟福通过这个实验发现：绝大多数的 α 粒子没有任何偏移就直接穿过去了；只有少量 α 粒子发生了小角度的偏转；但是，也有极少数的 α 粒子发生了很大

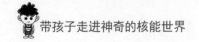

的偏转，有的超过了 90°，还有的甚至达 180°，直接沿原来的方向被反弹回来。

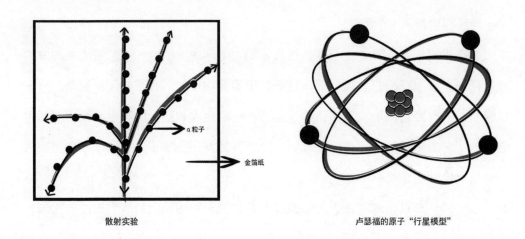

散射实验                          卢瑟福的原子"行星模型"

绝大多数 α 粒子直接通过金箔，这说明金原子中大部分的地方都是空的；而极少数 α 粒子会被反弹回来，卢瑟福分析，这应该是 α 粒子碰上了金箔原子中坚硬密实的"核"，这个"核"应该集中了原子中的大部分质量，但是占据的空间却很小，只有原子半径的万分之一；还有少数 α 粒子发生小角度的偏转，说明那个"核"是带正电的。

本来，卢瑟福想通过实验验证自己老师的"葡萄干布丁"模型的正确性，结果，实验的结果却跟老师的假说大相径庭。这时是隐瞒真相以维护老师，还是将真相公布于众呢？卢瑟福践行了亚里士多德的名言"吾爱吾师，但吾更爱真理"。

1911 年，卢瑟福提出了自己的原子模型：在原子的中心是占据绝大部分质量，带正电的原子核；原子核的四周是带负电的电子，这些电子沿着特定的轨道围绕原子核运行。因为这个模型跟行星围绕太阳的模型很像，所以也叫"行星模型"。

既然原子有核，那么原子核又是由什么构成的呢？为了探寻原子核的结构，1914 年，卢瑟福用阴极射线去轰击只有一个电子的氢原子，结果把氢原子的一个电子打掉，得到了带正电的氢的原子核，于是，卢瑟福将这个带正电的氢原子核取名为质子。

1919 年，卢瑟福又用加速的 α 粒子去轰击氮原子，结果也打出了质子，并且原来的氮原子变成了氧原子。这是人类第一次将一种元素变成另外一种元素，它标志着人类实现元素人工嬗变的可能，也预示着人工实现核反应的可能。

后来，卢瑟福又用同样的方法去轰击了其他的粒子，比如钠、铝等，发现都有质子产生，卢瑟福断定，质子是原子核的组成部分。1920 年，卢瑟福向世人公布了自己的发现。他说，原子是由原子核和核外带负电的电子组成，而原子核是由带正电的质子组成的。他还预测，原子核中可能还存在一种中性的粒子，这其实就是中子。

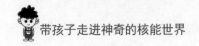
## 小豆丁懂得多

当卢瑟福用无可辩驳的实验确定了原子模型后，却发现了自己模型的一个矛盾：根据麦克斯韦的经典电磁理论，当电子围绕原子核旋转时，会发射电磁波，这样电子的能量就会逐渐减少，于是，电子不得不缩小自己的运动半径，最后会坠落在原子核上，即原子也就毁灭了。但是，实际上原子是很稳定的，这又说明了什么？

这说明，卢瑟福的"行星模型"还有不足之处，所以才会出现理论和现实之间的矛盾。

人们还发现，氢原子的光谱是一条一条的带状光谱，是不连续的。这跟太阳光的连续光谱不同，太阳光中的可见光是按红、橙、黄、绿、蓝、靛、紫连续变化的光谱，这又说明了什么呢？

为了解决这些问题，卢瑟福的学生玻尔将普朗克的量子理论（普朗克说能量在发射和吸收时，不是连续的，而是一份一份的）引进了原子模型，提出了"量子化模型"。

玻尔认为，原子中电子的运行轨道也是量子化的，每一个电子只能在一些特定的、具有一定能量的圆形轨道上运行，每一个轨道对应一定的能量。通常，电子都在离核最近的轨道上运动（这时电子的能量最低）。电子在这些轨道上运动既不吸收能量，也不释放能量。

当外界供给能量时，电子有可能吸收能量，于是就从原来的轨道跃迁到另一个离核较远、能量更高的轨道上运动；不过，电子也能从能量高的轨道跃迁到能量低的轨道，这时会释放能量。当电子向不同轨道跃迁时，就会吸收或释放能量，因为轨道是不连续的，所以光也是不连续的。

虽然玻尔的模型解释了原子的稳定性，也很好地解释了氢原子光谱实验规律，但是对于稍微复杂的原子如氦原子，就无法解释其光谱现象。这说明玻尔的"量子化模型"也还存在一定的缺陷。后来科学家经过研究发现，电子根本没有一个固定的轨道，它们的运动不过是在各个地方出现的概率不同而已，人们将它称为电子云。这就涉及了"量子力学"，有兴趣的同学可以深入去探索。

# 查德威克，就你最细心

## 核能对小豆丁说

　　小豆丁，你知道查德威克吗？他的全名是詹姆斯·查德威克，是英国物理学家，因发现中子而获得诺贝尔物理学奖。其实，他在中学时代并没有表现出过人的天赋，成绩也不是特别亮眼，不过，他做事一丝不苟，非常认真，不达目的誓不罢休。他的这些品质使他抓住很多机遇，让他一步步走向了人生的巅峰。

　　如果他没有发现中子，即便人们发现了原子核的秘密，也只能望"核"兴叹，无法将我释放出来。

　　对于那些"天才"我不佩服，我最佩服那些依靠自己的勤奋和努力最终做出一番成就的人，就像查德威克。小豆丁，你一定要做这样的人！

查德威克在进入曼彻斯特大学以后，在物理研究方面的才华才表现出来。由于他做事认真仔细，被卢瑟福看中，于是查德威克开始跟随卢瑟福从事放射性的研究。

1914 年，查德威克决定到德国和盖革（德国物理学家，卢瑟福的得力助手，发明了"盖革计数器"）一起做研究。但是很不幸，他刚到德国不久，第一次世界大战爆发，他作为"敌侨"被关进了德国战俘营，直到 1918 年战争结束才被放出。

在战俘营的 4 年里，查德威克并没有荒废他钟爱的科学研究。为了打发时间，他和几个战俘组建了一个科学社，大家彼此讲课。他们还说服守卫让他们设立了一个小实验室。在那里，他们利用锡箔和木头制作了一个验电器，做一些简单的实验。

战争结束后，他回到了英国，在剑桥大学完成了他的博士学位，继续从事放射性的研究，此时他的指导老师还是卢瑟福，不过卢瑟福这时已经荣升为卡文迪许实验室的主任了。

卢瑟福发现质子后，还预测原子核内可能还有中性粒子的存在。为什么会做出这个预测呢？因为氦的原子序数是 2，但是质量却是 4，这多出来的质量到底是什么呢？卢瑟福猜测里面可能存在新的中性粒子，不过没有证据。

作为卢瑟福的得意门生，查德威克想将老师的猜测得以证实，一直思考这个问题。

1928 年，科学家波特和贝克用从钋中得到的 α 粒子轰击铍时，发现产生一种穿透力很强的射线，这种射线的强度很大。对于这种奇怪的现象他们没有过多地注意，认为这不过是一种很特别的 γ 射线而已。他们就这样错失了发现中子的机会。

后来，还有科学家对这种射线做了鉴定，得出它是中性的，但对这种现象很难解释，于是也没有再继续深入研究下去，也错失了发现中子的机会。

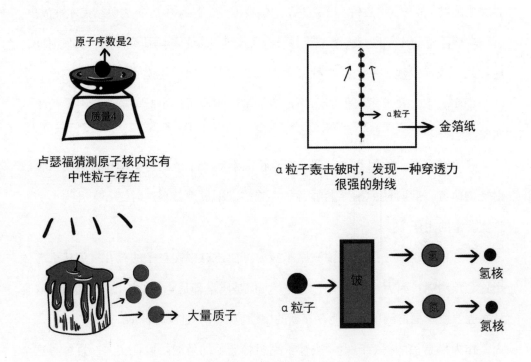

中子的发现过程

1931 年，居里夫人的女儿和女婿发现，用"铍射线"去照射石蜡会产生大量的质子，他们认为这种射线应该是高能量的 γ 光子，之所以产生大量的质子是因为康普顿效应。

而一直在寻找中子的查德威克，听说了小居里夫妇的实验后，马上意识到那可能就是自己苦苦寻觅的中子。他认为光子是没有质量的，不可能撞击出像质子这样重的粒子，所以对于小居里夫妇的解释他不认可。

1932 年，查德威克决定自己做实验去验证。他用 α 粒子去轰击铍，再用从铍中产生的射线去轰击氢和氮，结果打出了氢核和氮核，因为 γ 射线不具备从原子中打出质子的动量，所以他确定这种从铍中产生的射线一定不会是 γ 射线。在实验中，查德威克还发现，这种粒子穿透靶内的深度要比质子深得多。

那这种射线会是什么呢？他认为只有假设从铍中释放的射线是一种质量跟质子差不多的中性粒子，才能解释产生的那些现象。

1932 年，查德威克发表了一篇名为《中子的存在》的论文，证明中子的存在。1934 年，中子被确立为一种基本粒子。1935 年，查德威克也因为发现中子获得了诺贝尔奖。

中子因为不带电、质量大，成为勘探其他原子核的最佳"人选"。很多科学家用这个新的"武器"去轰击各种物质的原子核。他们发现，中子有种神奇的本领，即可以生成新的物质，比如，用中子去轰击铝，结果会变成硅；用中子去轰击锗，结果生成了砷。也就是说，有些元素被轰击后，会变成原子序数加 1 的新元素。

于是有物理学家就想，如果用中子去轰击铀会产生什么呢？

## 小豆丁懂得多

小豆丁，你知道什么是康普顿效应吗？为什么会发生康普顿效应呢？

1923 年，美国物理学家康普顿在实验中发现，X 射线投射到石墨上被散射后，会出现两种不同频率的 X 射线，一种频率是跟原来入射的 X 射线一样，而另一种却比原来入射的频率小，并且其频率的大小还跟散射角有某种关系。人们将这种现象称为康普顿效应。

对于第一种频率没变的现象很好解释，根据光的波动理论，散射是不会改变入射光的频率的，所以频率不变。

但是，对于第二种频率变小的射线又该如何解释呢？这是无法用任何经典物理学理论能解释的。没有办法，康普顿将爱因斯坦提出的"光量子"引了进来。他说这是因为光量子和电子相互碰撞引起的。

光量子不仅具有能量，还具有类似力学意义的动量，当光量子与电子相撞时，光量子将一部分能量传递给了电子，于是自身的能量就减少了，频率也降低了。并且因为能量和动量守恒，可以推导出频率改变和散射角之间的关系。

康普顿现象很好地说明了光不仅具有波动性，还具有粒子性，即具有波粒二象性。同时，康普顿效应也是第一次从实验上，证明了爱因斯坦提出的光量子具有动量的假说。

# 哎，还是被发现了啊

上节提到的那个想用中子去轰击铀的人，就是德国物理学家哈恩和他的助手斯特拉斯曼。结果这一轰击不要紧，将我彻底暴露出来了。哎，他们根本不知道有些人在发现我之后会带来什么后果！

虽然这些人后来很后悔，也为自己当初的行为自责不已，并且还想用具体的行动去挽回，但是灾难已经造成。小豆丁，你以后做事一定要三思而后行。

说起哈恩，他从小就对化学有浓厚的兴趣。15 岁时，他就在自己家的洗衣房中做简单的实验。

他是一个"富二代"，他的父亲希望他学建筑，这样好继承自己的产业，但是哈恩却想当一名工业化学家。为了实现自己的理想，一向沉默的他开始不断游说父亲，并最终说服了父亲。

要想在工业界工作，他首先必须提高自己的英语水平，于是他决定去英国继续深造。1904 年，他在伦敦大学跟随威廉·拉姆齐（英国化学家，惰性气体的发现者）从事放射化学的研究。当时这个领域是一个非常新的领域。

让人没想到的是，哈恩很快就在拉姆齐给他用于提纯的粗镭制剂中，发现了新的放射性物质——钍，于是拉姆齐劝他不要进入工业领域，而是建议他继续在放射性领域进行研究。

1905 年，哈恩来到加拿大蒙特利尔麦吉尔大学物理研究所，跟随卢瑟福继续研究放射性。不久之后，他就发现了放射性元素锕，后来他又陆续发现了其他的一些元素。

因为哈恩的突出贡献，1912 年，他成为柏林—达勒姆新成立的威廉皇家化学研究所放射化学部门的负责人。12 年后，因为爱因斯坦、普朗克等人的集体推荐，他又当选为柏林普鲁士科学院的正式成员。

20 世纪 30 年代，随着正电子、中子、重氢的发现，放射化学的发展达到一个新高度，很多科学家都想找到人工引发核嬗变的方法，哈恩和他的好搭档莉泽·迈特纳也一起从事这方面的研究。

后来，第二次世界大战爆发，德军占领了奥地利，因为莉泽·迈特纳是犹太人，迫不得已逃到瑞典去避难。没有了好搭档，哈恩只能跟另外一位德国物理学家斯特拉斯曼合作，继续人工核嬗变方面的研究。

1938 年，哈恩他们在用一种慢中子轰击铀核时，实验结果大大出人意料，本来以为铀的原子序数会增加，没想到铀核居然分裂成原子序数要小得多的新物质，并且还迅速释放出大量的能量。

**慢 中 子**

在核反应中，通常将能量低于几电子伏的中子称为慢中子。这类中子的运动速度与热运动速度相当，可以更容易引发铀-235 等的裂变。这样就能用少量的裂变物质引发链式裂变反应。

这一定不是一般意义上的放射性嬗变，难道这是之前他跟莉泽·迈特纳设想的铀核的一种分裂？但他也不敢肯定。苦闷中的哈恩写信给莉泽·迈特纳。他在信中向她详细描写了当时的试验结果和自己心中的想法。迈特纳在回信中也肯定了他的想法。

后来，经过多次实验验证，哈恩终于确认这种反应就是铀裂变反应，他们还预测了额外中子的存在，并指出在裂变过程中会产生连锁反应。

1939 年，莉泽·迈特纳和她的研究伙伴一起发表了一篇名为《中子导致的铀的裂体：一种新的核反应》的论文，在这篇论文中对哈恩铀核破裂提出了理论解释。他们认为，裂变后的原子核总质量比裂变前铀核的质量减少了；根据爱因斯坦的质能方程，这些减少的质量转换成了能量释放出来。经过计算，他们得出每个裂变的原子核将释放 2 亿电子伏特的能量。

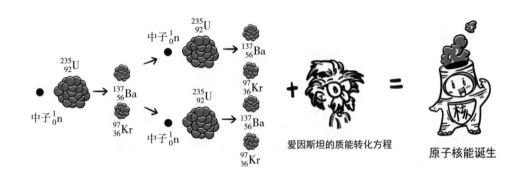

核裂变的发现意义重大，它不仅仅是将一个重核打破，还在打破的过程中释放出巨大的能量，这开创了人类利用原子能的新纪元，为此，哈恩获得 1944 年的诺贝尔化学奖。

哈恩是核裂变的发现者之一，他非常清楚核裂变蕴含的巨大能量。随着第二次世界大战的继续，对于纳粹的暴行他深恶痛绝，他不愿纳粹政权掌握原子能的技术，所

> **核 裂 变**
>
> 它也叫核分裂，是指一个重原子核（主要是指铀核或钍核）分裂成两个或多个质量较小的原子的一种核反应形式。如，原子弹或核电站利用的就是核裂变。

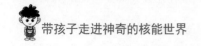

以他拒绝参与任何核裂变的技术研究，为此受到不少苛待，但是他从未妥协。

第二次世界大战后，他和许多诺贝尔获奖者积极行动，向世人宣传原子武器的危害，强烈反对各国将核武器作为战争的手段。

## 小豆丁懂得多

小豆丁，你知道核嬗变是什么吗？

核嬗变就是一种化学元素转化为另外一种元素，或者一种化学元素的某种同位素转化为另一种同位素（具有相同质子数，不同中子数的同一元素的不同核素互为同位素，比如，氢有 H 气、D 氘、T 氚三种同位素的过程）。

什么样的核反应才能引发核嬗变呢？是有一个或多个粒子（如质子、中子或原子核）与原子核碰撞后才能引发核嬗变，核嬗变也包括原子核自发的衰变。核嬗变分为天然核嬗变和人工核嬗变。

比如，某些核素的 α 衰变和 β 衰变属于天然嬗变；而人工核嬗变可以通过粒子加速器、核反应堆和托卡马克来实现。

# 03 呜呜，我被做成了核武器

核能被当作武器，加速第二次世界大战的结束，但也给人类带来很大的灾难。

普通航母

核航母

# "小男孩"和"胖子"

小豆丁，你知道吗？当我被发现后，我就一直心惊胆战，担心有一天人们会利用我巨大的能量给人类带来灾难，只是我没想到这一天来得如此之快。

虽然我很不情愿，但是我最终还是被做成了武器。当我被点燃后，在火光中我好像看到了地狱，那惨烈的景象让我不忍直视。我用尽全力想要停止这疯狂的一切，但是一切都是徒劳。小豆丁，那一刻我的心也在爆炸中破碎了。

美籍意大利物理学家费米，在看到哈恩等人发布的关于慢中子轰击铀核的论文后，简直不敢相信自己的眼睛，这个实验结果完全推翻了自己以前的结论（当年他也是用慢中子轰击了铀核，不过，他得出的结论是产生一种原子序数为93的新物质）。于是，他急忙赶到实验室去重复哈恩的实验，结果真的跟哈恩的一样。

怎么办？承认这个结果是不是太丢人了？自己因为之前的发现还获得 1938 年的诺贝尔奖。但是费米就是费米，他坦率地承认了自己的错误，并下定决心在哈恩等人研究的基础上继续前进。

很快，费米就提出一种假说：当铀核发生裂变时，会放射出中子，这些中子又会击中其他铀核，从而产生一连串的裂变反应，最后直到全部原子核都被分裂。这就是著名的链式反应的原理。费米很快就意识到，这样的链式反应完全可以用到军事项目上。

当时，第二次世界大战还在继续，同盟国的科学家决定要在德国之前将原子弹研制出来，这样世界才不会落入纳粹的手中。

于是，他们给美国总统罗斯福写了一封联名信。为了增加信的分量，还邀请爱因斯坦签了名。此后，美国开始了"曼哈顿计划"，也就是利用核裂变反应研制原子弹的计划。

想要制造原子弹，就得先建立一个核反应堆，来探明这种链式反应是否具有可行性，这个重担就落在当时世界的中子权威——费米身上，于是费米成为世界第一座反应堆攻关小组组长。

费米等人在芝加哥大学足球场上建造了第一座可控核反应堆——"芝加哥一号"，它长约 10 米，宽 9 米，高 6.5 米，重达 1 400 吨，由 4 万个石墨块包围着 1.9 万片铀核燃料构成。这座反应堆就像个"千层饼"似的。

1942 年年底，费米将研究小组全部成员集合在反应堆前。只听费米一声令下，那些控制棒慢慢地被拔起，这时用来记录裂变反应情况的计数器开始发出清脆的响声，这表明裂变反应开始了。随着控制棒被拔出得越多，计数器的响声也越来越大，最后连成一片。

费米等人第一次成功地进行了核链式反应，这预示着人类进入了原子时代，拉开了人类利用核能的序幕。

"芝加哥一号"反应堆的成功，使得"曼哈顿计划"得以顺利进行。1945 年 7 月，世界上第一颗原子弹被制造出来，并在内华达州的沙漠上成功引爆。当第一朵蘑菇云升起时，很多参与制造的人都震惊了，这种恐怖的力量，如果被滥用，对人类来说将是灭顶之灾。"曼哈顿计划"的负责人之一格罗夫斯说："这是一种善的力量，也是一种恶的力量。"

1945 年 8 月，美国在日本广岛投下第一颗代号为"小男孩"的原子弹，它给广岛造成的打击，几乎是毁灭性的。几天后，美国又在日本长崎投下代号为"胖子"的原子弹。随后，日本宣布无条件投降，第二次世界大战结束。

原子弹的威力震惊了全世界，也让那些科学家开始反思自己。

于是，第二次世界大战结束后，"曼哈顿计划"的领导者奥本海默和爱因斯坦都强烈反对试制氢弹，开始致力于通过联合国来实行原子能的国际控制和和平利用。

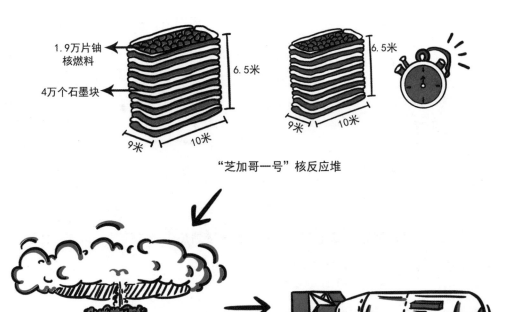

1.9万片铀核燃料

4万个石墨块

6.5米

9米 10米

6.5米

9米 10米

"芝加哥一号"核反应堆

曼哈顿计划

"小男孩"原子弹

## 小豆丁懂得多

小豆丁，你知道费米他们搭建的"核反应堆"是什么吗？其实，核反应堆也叫原子能反应堆，是指能维持可控自持链式核裂变反应，它是用来利用核能的一种装置。

　　小豆丁，你要知道，核反应堆中的核燃料不是随意堆放的，而是要经过合理的布置，因为只有这样才能在不需要补加中子源的条件下，发生自持链式核裂变反应。其实，反应堆这个术语包括了裂变堆、聚变堆、裂变聚变混合堆三个说法，但一般情况下仅指裂变堆。

　　你知道反应堆中为什么要铺石墨吗?

　　这里石墨是用来做"减速剂"，将中子减慢到热中子的速度，这样"慢速"的中子更容易被铀吸收，核裂变更容易被引发。

# 作为一颗超级炸弹，我也很烦恼

## 核能对小豆丁说

小豆丁，你知道吗？科学家在发现核裂变之前，还发现了，两个较轻的原子核结合一起生成较重的原子核时，也会释放巨大的能量。这种反应被称为核聚变，并将聚变释放的能量称为聚变能。

不过，想要发生核聚变非常难，因为原子核都是带正电的，同性相斥，想要让两个原子核克服斥力发生核聚变反应，必须要让原子核具有很大的动能。当原子弹成功引爆后，其产生的高温让人们看到了引发核聚变反应的可能性。由此，我又被做成了另一种超级炸弹——氢弹。

当我这颗超级炸弹被成功制造之后，它就像悬挂在人类头顶上的达摩克利斯之剑。

当原子被加热到很高的温度时，原子的热运动也会加剧。剧烈的热运动会让一部分原子核具有足够的动能，从而克服原子核之间的斥力发生碰撞，进而发生核聚变反应。一旦聚变反应开始后，它可以依靠自身反应产生的热能，让核聚变反应继续下去，并且这种聚变反应释放出的能量更大。

人类首先实现核聚变的元素是氢元素，于是这种核聚变炸弹便以氢弹命名。

虽然，很多科学家反对氢弹的试验，但是已经尝到原子弹带来巨大好处的美国并没有罢手。1952年，美国在太平洋上进行了第一次氢弹试验。不过当时的那颗氢弹重达65吨，体积也很大，在战场上不便运输，所以并没有什么实用价值。

原子弹爆炸产生的巨大能量和超高温

原子的热运动加剧

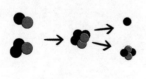

发生核聚变反应

能量比核裂变更大的氢弹产生

1954 年，美国将热核装料从液态的氘、氚换成固态的氘化锂，从而缩小了氢弹的体积和重量，制造出了可用于实战的氢弹。

氢弹是第二代核武器，它利用的是氢同位素的核聚变反应释放的能量，又称聚变弹、热核弹。因为其爆炸威力比原子弹更大，也被称为超级炸弹。

虽然我们国家有原子弹也有氢弹，但是我们国家在五个核大国中是唯一一个奉行不首先使用核武器政策的国家。我们研发核武器只是为了不再受人欺负。

## 小豆丁懂得多

你知道我国氢弹的构型为什么叫"于敏"构型吗？其实，于敏就是我国的"氢弹之父"。

1926 年，于敏出生于河北省芦台镇（今属天津市）一位普通职员家庭。从小，他就爱问为什么。后来他考入北京大学工学院，两年后，他又转入北京大学理学院读物理，他将自己的专业方向定为理论物理。

1951 年，研究生毕业后，他在著名物理学家钱三强任所长的中科院近代物理所，继续自己理论物理的研究。在这期间，他跟他的合作者提出了原子核相干结构模型，

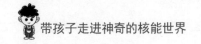

填补了我国原子核理论的空白。

1961 年年初，于敏应邀来到钱三强的办公室。刚坐下，钱三强就开门见山地对他说，研究所里决定让他参加热核武器原理的预先研究，问他愿不愿意。并且，钱三强告诉他，如果选择了这份工作，以后就要意味着隐姓埋名，即便取得再大成就也可能无法被世人知道。

于敏很快就明白，当时我国可能要进行氢弹理论的研究了。虽然，他原本只打算做一些基础的物理理论研究，但是，他为了祖国不再任由人欺辱，二话没说就同意了。

那时，氢弹技术是各国的最高机密，我国没有任何借鉴。于敏也从未出过国，完全得靠自己摸索。为了尽快研制出我国自己的氢弹，他废寝忘食，以一张桌子、一把计算尺、一块黑板、一台简易的 104 型电子管计算机和自强不息的信念为起点，向着氢弹进发了。

1965 年 9 月至 11 月，于敏带领科研团队，对加强型原子弹进行优化，在这一百多天中，他演算的纸带堆满了屋子，有时为了缩短时间，他直接半跪在地上分析。功夫不负有心人，他们终于找到理论的突破，形成了一套从原理、材料到构型的完整物理方案。

1967 年，我国第一颗氢弹在罗布泊沙漠实验成功，其威力跟于敏计算的结果完全一致。

　　虽然，于敏在氢弹的研制中居功至伟，大家亲切地称呼他为"中国氢弹之父"，但是他本人并未接受。他说："核武器的研制是集科学、技术、工程于一体的大科学系统，需要多种学科、多方面的力量才能取得现在的成绩，我只是起到了一定的作用。"

　　于敏将自己的一生都奉献给了祖国的人民。有人问他坚持的动力是什么，他说："中华民族不欺负别人，也不能受别人欺负，核武器是一种保障手段，这种民族情感是我的精神动力。"

# 核动力航母的"难处"

　　2012年9月，我国第一艘航母"辽宁号"正式入列我国海军。辽宁号的诞生显示着我国维护国家主权、安全的决心，也标志着我国海军军力的上升。

　　其实，早在第二次世界大战时，航空母舰的威力就已经凸显出来。但是，组建并养护一支航母队伍所要耗费的资源非常庞大，世界上只有少数国家才能供养得起。随着国家实力的上升，我国终于也进入了有航母国家行列。

　　小豆丁，你知道吗？对于航空母舰来说，动力一直是一个大问题，即便在供给船队的辅助下，常规航母能够实现的作战半径和作战时间也是有限的。所以，在人类掌握核能技术之后，核动力航母就成了航空母舰新的发展方向。"辽宁号"是我国第一艘常规动力航母，而我也期待着中国第一艘核动力航母早日下水。

在新闻里，小豆丁看到，我国"辽宁号"可以携带 6 000 到 8 000 吨燃油，每一天的油耗接近 400 吨，如果全速前进则需要消耗更多的燃油。这样看来，它简直就是一台吞噬能量的"巨兽"！

航母上的发动机、发射器、飞机升降机以及拦阻装置等，这些都需要大量的能量来维持，而常规动力的能量主要来源还是燃烧燃油。

常规动力航母最大缺点就是燃油携带量有限。就像路上跑的汽车一样，当油箱里没有油了就要赶快去加油站加油，航母的油箱也是有限的，因此需要不断"加油"。

并且，常规动力的航母还需要排放气体的烟囱，这不仅占用了大量的空间，还会留下痕迹，存在很大的安全隐患。另外，大量排烟也会腐蚀舰上的电子设备和天线，这些都是常规动力航母的缺点。

如果把常规动力转换成核动力，上面的问题就迎刃而解了，相比于常规动力，核动力航母有以下优点。

首先，因为有核能续航，可以高速行驶在世界任何海域，不需要经常靠岸加油。虽然核动力航母在最高时速上和常规航母相差无几，但是如果长时间高速行驶，核动力航母则会占尽优势。

其次，因为使用核能，核动力航母就节省出大量的空间和载重吨位。这些空间既可以用来装载更多的航空燃油、弹药和补给品，又能大大改善舰员的居住和工作条件。

最后，因为核能的持续性，使得航母对基地和后勤支援的依赖减少很多。常规航母在执行任务时，需要提前在世界各地建立燃料补给站，但是核动力航母更换一次核燃料可以航行 50 万海里（大约 15 年左右），现在最先进的技术甚至可以把时间持续到 30 年。

不过，核动力航母虽然很厉害，但也有自己的"难处"。核动力能量很足，但是再足也有用完的时候，通常核动力装置需要在一定年限内更换核燃料。但换一次燃料需要三年！而且更换反应堆的时候，整个航母都需要送到特定的地方"开膛破肚"，更换完成后再运回来。

普通航母

核航母

当然，随着技术的发展，核燃料的更换时间也在缩短，目前，最新的技术已经可以将换料周期延长到 30 年左右，换料时间缩短为 1 年半左右。

核动力航母还有一个难题就是费用高。跟同等排水量的常规航母相比，核动力航母的建造费用要贵上一倍。当然，平时的维护、保养，还有相关的安全措施都要比常规航母高很多。据统计，核动力航母的日常维护费用是同等吨位常规航母的 1.5 倍。

这么多难题摆在面前，我国还能够研制出核动力航母吗？当然可以！就像常规动力航母从无到有一样，我国的科技人员擅长将不可能变成可能。

## 小豆丁懂得多

其实，核动力航母和常规航母本质一样，都是蒸汽轮机驱动。简单地说，就是高级版的"烧开水"。不过常规航母用的是石油"烧开水"，而核动力航母用的是核能"烧开水"。不过，因为两者释放的能量差别很大，1 千克的铀 –235 "燃烧"后释放的能量，相当于 2 000 吨燃油燃烧的能量，也就是说一艘装载 1 万吨燃油的常规航母，续航能力跟装载 5 千克铀 –235 的核动力航母相当。

通常，航母的航速越高，能耗就越高，于是航母的续航性就会降低。为了省油，大部分常规航母不执行任务时，都采用比较慢的速度航行。但是核动力航母则没有这样的顾虑，它的能量充足，可以一直按照较高的速度航行。

# 04 哈哈，我要给你们送去光明

跟火电相比，核电具有低碳、高效、清洁等特点。未来，核电将会与水电、风电、太阳能等清洁能源一起，为人类社会提供能源供应……

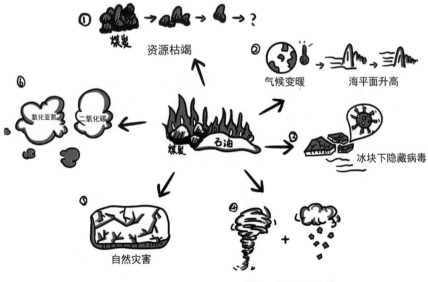

# 用我发电是很有优势的

## 核能对小豆丁说

小豆丁，你知道吗？当我听说有人想要用我来发电，从而帮助人类解决能源问题时，我高兴坏了。我一边跳着，一边大唱着"燃烧我的卡路里"，对对，你们千万不要客气，尽量把我的"卡路里"全部都拿去。

虽然，现在用我发电还存在一些安全隐患，但是我相信，以人类的聪明才智一定会解决这些问题，最终会实现安全使用我。小豆丁，你们要加油啊！

19 世纪，人们将热能转化为机械能，促使生产力得到很大的发展；20 世纪，人们又将机械能转化为电能，进一步推动生产力的发展。但是随着煤、石油、天然气等燃料的急剧减少，人们发现，如果再继续这样下去，几百年后，人类将面临无燃料可用的境地。

并且，更为严重的是，大量燃烧煤炭、石油等燃料对地球的生态环境造成很大的危害。不说别的，光是产生的二氧化碳就给人类环境造成很大的影响。

当大气中的二氧化碳越积越多，就会产生温室效应，而温室效应又会导致全球气候变暖，进而导致冰川融化，使得海平面升高。科学家预测，如果格陵兰岛和南极的冰架继续融化，到2100年，海平面将比现在升高6米，那时，印度尼西亚的一些岛屿和低洼地区，以及迈阿密、曼哈顿和孟加拉国等地都将被淹没。

温室效应的危害还不止这些，它可能会导致飓风、龙卷风、冰雹等强对流天气频发；南北极冰雪的融化还会导致海水温度的变化，从而让气候变得异常，带来各种地质灾害。

此外，煤、石油等燃料的大量燃烧，还会产生大量对人体和农作物有害的气体，比如，二氧化硫、氧化亚氮等。

这些能源的问题该怎么解决呢？聪明的你可能会想，我们可以用一些清洁的能源，比如水能、太阳能、风能、潮汐能、地热能等去取代煤、石油等燃料。

的确，水是无污染并且是可再生的能源，但是水力资源有限，并且使用时还要受到地理环境、气候等诸多因素的限制，所以光靠水力是无法满足人类对能源的需求的。同样，太阳能、风能、潮汐能、地热能等，也面临这样的问题，这些能源都不能彻底解决人类能源的困境。

1942年，第一座核反应堆的建立，人类首次实现了可控核裂变连锁反应；

1951 年，利用核反应堆发电的创举拉开了核电的序幕；1954 年，第一座核电站的建立让核能的和平利用有了飞速的发展。

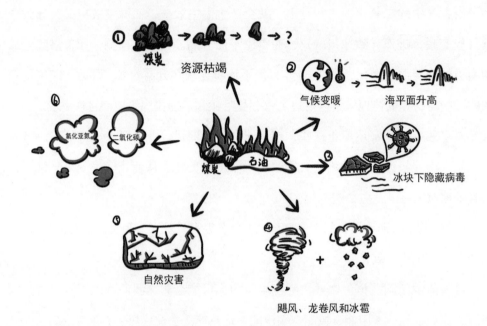

跟传统煤炭、石油等能源相比，核能是一种比较清洁的能源，用核能发电的优势见下表。

随着科学技术的不断发展，核能已经成为第四大能源。很多科学家认为，人类文明的持续发展，甚至飞出太阳系的梦想都要靠核能来实现，核能是人类最具希望的未来能源之一。

| 核能优势 | 备 注 |
|---|---|
| 能源密度高 | 核能的能源密度是其他化石燃料的几百万倍，1千克铀裂变产生的能量差不过多是燃烧1千克煤的270万倍 |
| 核燃料便于运输和储存 | 因为能源密度高，少量体积的核燃料就能产生大量的热量，便于运输和储存 |
| 核燃料储备丰富，可供人类长期使用 | 虽然陆地上核燃料的储存有限，但是海水中还含有大量的铀。另外，如果可控核聚变研发成功，那么海水中丰富的氘足够人类用到天荒地老 |
| 比较清洁 | 它不会产生加重地球温室效应的二氧化碳，不会产生硫化物、氮化物等污染物 |
| 发电成本较低，较稳定 | 用核能发电，其燃料费所占的比例较低，并且核电成本不易受国际经济形势的影响，成本比较稳定 |
| 容易储存 | 核能跟太阳能、风能等其他新能源相比，容易储存；核燃料的储存占地不大，并且可以用很久 |

## 小豆丁懂得多

小豆丁，你知道吗？我国早在 1955 年就开始制订原子能发展计划。在发展计划大纲中提道："用原子能发电是动力发展的新纪元，是有远大前途的。在有条件下应用原子能发电，组成综合动力系统。"

和一些发达国家相比，我国的核能发展起步

比较晚，我国的能源结构还是以煤炭为主。为了保护我们的环境，我国正在努力发展清洁、高效的能源。

不要小看用核能发电。它减少了燃煤，也就减少了二氧化碳、二氧化硫、氮氧化物等污染物的排放。

随着我国经济的不断增长，我们对电力的需求也在不断增长，核电在我国仍然有很大的发展空间。虽然全球核电开工机组增长不多，但是，我国在建核电工程还是在不断增长。

截至 2019 年 6 月底，中国大陆在运核电机组为 47 台。

此外，我国也在积极研究第四代核电技术。我国的核电技术经过几十年的发展，正在从一个核大国向核强国转变。这个转变的过程需要多代人的共同努力，需要你我的共同参与。

# 你听说过核反应堆吗

## 核能对小豆丁说

　　小豆丁，你知道钢铁侠吧？你一定对钢铁侠胸前那个叫"方舟反应炉"的印象深刻。电影中，第二代"方舟反应炉"相当于冷核聚变，钢铁侠通过这个反应堆来"续命"，同时也通过这个反应堆给他那"宇宙无敌盔甲"的运转提供能量。聪明的钢铁侠通过这个装置将我缓慢地释放，让我为他和他的盔甲源源不断地提供能量，好让他们去拯救世界。

　　提起核能量爆发，估计大家首先想到的就是，像原子弹爆炸那样剧烈的能量。的确，核反应的速度非常快，释放的能量也特别大，如果不加以控制，人类将很难和平利用核能。1942年，费米建造了人类第一台核反应堆——"芝加哥一号堆"，从此，人类开启了利用核能的新时代。

核能的开发和利用就是从核反应堆开始的，核反应堆是核电站的重要组成部分。那么，什么是核反应堆呢？

核反应堆就是利用核燃料，通过控制大规模链式核裂变反应，持续不断地将核能转化为电能或动力的一种可控反应堆；是实现核能利用的一种装置，也是核电站的关键部分。

核反应堆的种类很多，根据不同的分类方法有不同的种类，具体见下表。

| 分类方法 | 核反应堆的种类 |
|---|---|
| 根据燃料的类型 | 天然铀堆、浓缩铀堆、钍堆 |
| 根据中子的能量 | 快中子堆和热中子堆 |
| 根据不同的用途 | 研究堆、生产堆和动力堆 |
| 冷却剂（载热剂）的材料不同 | 水冷堆、气冷堆、有机液冷堆和液态金属冷堆 |
| 根据慢化剂（减速剂）的不同 | 石墨堆、重水堆、压水堆、沸水堆、有机堆、熔盐堆和铍堆等 |

目前，世界上核电站常用的反应堆有轻水堆、重水堆和改进气冷堆等。其中，使用最广泛的就是轻水堆。轻水堆又分为沸水堆和压水堆两种，而压水堆核电站占世界核电总容量的 60% 以上。那么，压水反应堆的工作原理又是什么呢？

从字面上看，压水堆就是采用高压水来冷却核燃料的一种反应堆。其工作原理如图所示。

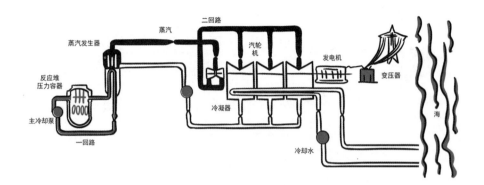

　　主冷却泵将一回路内保持在150个大气压左右的冷却水，送入反应器压力容器；然后将核燃料释放的热量带出反应器；而后进入蒸汽发生器。通过传热管将一回路中高温传递给二回路，将二回路中的水加热到沸腾状态并产生大量蒸汽；蒸汽通过二回路送到汽轮机，推动叶转并带动发电机发电。

　　从汽轮机流出的做完功的蒸汽，经过冷凝器冷却后变成液态水，重新流回蒸汽发生器，完成了二回路循环；而一回路中的水通过传热管释放了一部分热量，温度有所下降，又重新流入反应堆压力容器，从而完成了一回路循环。

　　在我国，已经建成并投入使用的如秦山核电站一二期、大亚湾核电站、田湾核电站等，都属于压水型反应堆。

## 小豆丁懂得多

小豆丁，你知道什么是轻水、重水吗？你知道氢以三种同位素氕、氘、氚的形式存在吗？氕（H）只含一个质子，两个氕原子与一个氧原子结合，形成的就是普通的水分子，也就是轻水，其分子式是 $H_2O$，相对分子质量是 18；而一个氘原子含一个质子和一个中子，两个氘原子和一个氧原子结合生成的水就是重水，其分子式是 $D_2O$，其相对分子质量是 20。

其实，重水在外观上跟普通的水相似，也是无色、无味的液体，不过标准状态下，它的密度比普通的水稍大；并且冰点和沸点也比普通的水稍高。自然界中重水的含量非常小，只占大约 0.015%。

普通的水是我们生命的源泉，它滋养着万物，但是重水却无法让种子发芽，如果人和动物无意中饮用大量重水还会引发死亡。

但是，重水却有着重要的用途，在核反应堆中，重水可以减小中子的速度，从而控制核裂变的过程，所以通常做反应堆中的"减速剂"。

# 我是怎样变成电的

小豆丁，你还记得前面我跟你讲过的，反应堆就是让核裂变释放的巨大能量缓慢地释放，让人们能控制核裂变的速度这件事吧？不过想要将我变成电，并最终为人类服务，还需要其他的装置。

跟火力发电站相比，核电站在形式上跟其非常接近，因为，我也是通过热能的形式向外释放能量，所以核电站也是将热能转化为电能的一种装置。如果你还不清楚，我们就先来看看火电站是怎样将热能转化为电能的，之后，你就能更好地理解我是怎样转化为电能的了。

通常，火电站是通过煤炭等燃料的燃烧产生热量，并用此热量来烧水，将水变成高温高压的蒸汽。然后用蒸汽去推动汽轮发电机，于是就产生了电。而核裂变正好能释放大量的热能，如果用这些热能去替代煤炭等燃料产生的热能，那么是不是就能发电了呢?

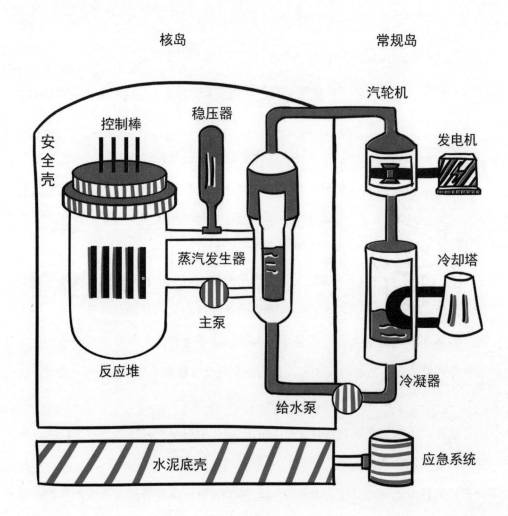

答案是肯定的。铀原子核在一定条件下发生裂变，产生大量的热能，用此热能将水烧开，就可以产生大量的蒸汽，然后再经过一系列的处理，蒸汽就能推动汽轮发电机发电了。

在核电站里，原子锅炉替代了火力发电站中的锅炉，这个原子锅炉就是反应堆，它有一个很专业的名字叫"核岛"。这个核岛就像个碉堡，因为核燃料有放射性，所以外面被厚厚的钢筋混凝土包裹起来，以防止核辐射的泄漏。

目前的核电站一般包括核岛和常规岛两部分。核岛主要包括反应堆和一回路系统，在这里，原子裂变产生的热能将蒸汽加热；而常规岛主要包括汽轮发电机系统，主要利用蒸汽来发电。

虽然核裂变既没有火也不冒烟，但是有的核电站也有一个大烟囱，有时还排出白色的气体，这是为什么呢？其实，这个大大的弧形建筑物叫双曲线冷却塔，这是建立在内陆的核电站所特有的一个装置，主要作用是用来进行热交换。

如果你仔细观察就会发现，其实沿海地区的核电站就没有那种大大的冷却塔，因为它们是直接用海水来冷却的。不过它们也有一个跟烟囱类似的东西，其实这个"烟囱"是一个通风管道。

另外，核电站为了保证放射性物质不外泄，采用的都是封闭式的设计，与外界是隔离的。最后产生的各种气体被一个环保装置处理后，通过那个"烟囱"排放出去，当然在排放之前，这些气体都要经过一道又一道的处理，确保其没有放

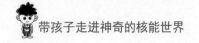

射污染。

因为不用烧煤，所以核电站的厂区是非常干净的，就连核电站周围的花草树木也郁郁葱葱的。

## 小豆丁懂得多

小豆丁，你知道核电站产生的核废料怎样储存吗？现在，这些核废料已经成为世界各国都头疼的一个大问题了，因为它很长时间内都存在放射性，并且还污染周围的环境，所以我们也不能将其随便扔掉，只能将其封存起来，深埋到地下，等其自行衰变成没有放射性的物质。除此之外，好像也没有其他更有效的解决方法了。不过，随着核废料的不断增加，将来应该怎么办呢？

为了解决核废料储存的问题，我国原子能科学研究院和中科院近代物理研究所，经过四年多的努力，联合研制了专门针对核能利用和核废料处理的"启明星2号"。

小豆丁，你还不知道"启明星2号"吧？其实，"启明星2号"就是铅基核反应堆零功率装置。这个装置是世界首座专门针对 ADS 系统中子物理特性研制的"双堆芯"临界装置。

这个装置，能大幅降低核废料的放射性危害，实现核废料的最小化处理。该装置不仅能将核燃料的使用率提高到 95%，还能对核燃料消耗完产生的废弃物再次回收利用，同时还能用于发电，被国际公认为处理核废料最有前景的技术途径之一。

# 你知道秦山核电站吗

## 核能对小豆丁说

小豆丁，我知道人类对我的误解很深，因为我第一次登场就让人震惊。后来，核电站又几次发生重大核事故，加深了大家对我的误解。加上大家对我所知甚少，更加重了大家对我的误解。

小豆丁，你别害怕，其实我不是你们想象的那样，核电站出现事故的概率也是比较低的。不过，不管怎样努力，所有的事情都不可能实现绝对的安全。

对于核电站的安全性，我们还是去看看我国的秦山核电站吧，看完你就会有一个大概的了解。

秦山核电站一期工程是我国第一座自行研究设计、自行建造、自己运行管理的核电站，被誉为"国之光荣"。它的运行，标志着我国成为继美国、英国、法国、苏联、加拿大、瑞典之后，世界上第 7 个能够自行设计、建造核电站的国家。

秦山核电站采用了世界上成熟的压水型反应堆，安装了 30 万千瓦的发电机组，1991 年实现了并网发电。目前，秦山核电基地运行的机组共有 9 台，每年大约发电 500 亿千瓦时。

为了防止放射性物质外泄，秦山核电站核岛设置了 3 道屏障：第一道是燃料包壳，用锆合金管将燃料芯块密封起来，组成燃料元件棒；第二道是压力壳，是高强度压力容器和封闭的一回路系统；第三道是密封的安全壳，它呈圆柱形简体，穹顶柱高达 62.5 米，壁厚达 1 米。

不仅如此，为了确保核电站的安全，核岛底板是不能有一丝裂缝的混凝土。2 万多平方米，没有一丝裂缝，这是何其艰难！但是，当时核电站技术人员克服了重重困难还是到达了这个要求，浇筑完成后 2 年也不见裂缝，这让一些外国专家都为之惊叹。

此外，秦山核电站还有其他一些安全保护系统、应急堆芯冷却系统、喷淋系统、安全壳隔离系统、消氢系统、安全壳空气净化和冷却系统、应急柴油发电机组等。

在这样一个又一个措施下，秦山核电站可以承受住极限事故引起的内压、高温等情况，可以应对各种情况下的自然灾害。

为了确保核电站零事故，在核电站还配有"黄金人"之称的操纵员。为什么操纵员被称为"黄金人"？这是因为，对操纵员的培训比民航飞行员还要苛刻，

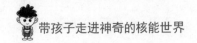

时间也更长,他们要成为一名合格的操纵员要经过层层选拔和考核。

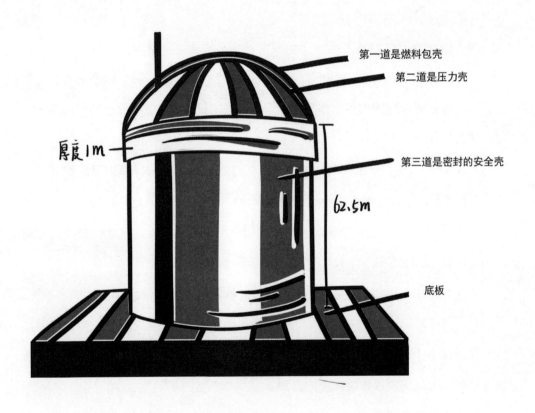

第一道是燃料包壳

第二道是压力壳

第三道是密封的安全壳

厚度1m

62.5m

底板

在严格的管理下，截至 2018 年年底，秦山核电站已经安全运行 118 堆年（一个反应堆运行一年被称为一个"堆年"），累计安全发电 5 500 亿千万时。截至 2019 年 4 月，我国核电机组已经安全稳定运行累计达 300 余堆年，从没发生过国际核与放射事件分级表（INES）2 级及以上事件或事故。据世界核运营者协会的统计，我国核电机组的运行指标中 80% 优于世界中值，70% 以上指标在国际先进值区间，并且还在不断上升。

## 小豆丁懂得多

小豆丁，你害怕核电站的辐射吗？但你知道放射性不是核能独有的吗？地球的自然界中就有 70 多种天然放射性同位素，它们存在于我们的四周，并通过各种渠道进入我们的身体，所以我们每个人的体内或多或少都存在放射性同位素。

除此之外，还有来自太空的宇宙射线弥漫在我们周围。国际辐射防护委员会（ICRP）规定，公众每年可以接受的辐射剂量限值是 5 mSv（毫希弗，辐射量的国际标准单位是 Sv，1 Sv=1 000 mSv）。各国核电站正常运行时对周围居民的照射最大为 0.05 mSv，有的仅为 0.001 mSv，平均为 0.008

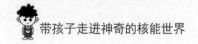

mSv，远低于国际规定的公众可以接受的最大限值。

小豆丁，你知道吗？就是我们身体中的钾 -40 对我们身体的放射性辐射值都比核电站对周围居民的辐射值大。

即便我们将核电站周围的辐射每年按 0.01mSv 计算，这个值也只跟乘坐一次飞机旅行所遭受的辐射相当，远低于每年水、粮食、蔬菜、空气等对我们身体的辐射量。

所以，对核电站正常运行时的辐射，我们无须恐慌。随着核电技术的进步，核电站的安全性会越来越高。

# 为了安全，你们一定要慎重

## 核能对小豆丁说

安全是核电站的生命线，不管其在运行期间，还是停运之后。为了保障核电站的安全，核电站在选址、设计、建造、调试、运行、退役都有一系列的安全导则。

为了人类的安全，我认为每一个环节人类都必须按照安全导则严格执行，不能有一丝懈怠。小豆丁，我仔细分析了一下以往所有的核事故发现，所有的核安全事故都是因为没有严格按照安全导则。只要人类按照安全导则认真执行每一步操作，一定会安全无事的。

对核电站来说，发生泄漏不仅是某一地区的灾难，甚至是一个国家、全世界的灾难，所以核电站的建立从选址开始就得非常谨慎，仅这一项工作可能都会经历好几年。这样做的目的是让核电站有个稳固的基础，以防因为地质灾害等原因

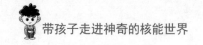

导致核电站出现安全问题。

因为核电站需要用大量水来冷却，所以通常都建立在海边或较大的江河湖泊附近。此外，核电站在选址时，还要确保周围不能有航线经过，要选择远离居民点的下风地区，确保排放的废气不影响居民的正常生活。

此外，核电站必须建立在人口密度低、容易隔离，并且50公里内不能有大中型城市的地区。还有，核电站选址还要考虑远离地震带，通常选择历史上没发生过6级以上地震的地区。

当年，我国大亚湾核电站在选址时就充分考虑了地震和海啸的影响。大亚湾核电站附近没有断裂带，历史上也没有发生过5级以上的地震。并且大亚湾三面环山，一面临海。海是边缘海，海水不深，大约几十米（而海啸的传播需要近千米的水深）。

为什么核电站可以建立在边缘海附近呢？因为，通常边缘海与外海之间有"岛弧"相隔，即使海上发生了地震，地震波造成的海啸也只能从"岛弧"的缝隙中传进来，能量有限。况且，我国海岸线记录到的海啸最高在0.5米以下，基本上不会出现像日本那样强烈的海啸。

我国自主研发的"华龙一号"就建立在浅海地区，虽然产生大海啸的机会几乎没有；但是为了安全起见，还在外面建设了防波堤。防波堤的高度比估计的最大可能性还要高出50厘米。并且为了增加安全性，"华龙一号"的混凝土都是专门配置的，其强度可以对抗 9 级地震。有这样铜墙铁壁的保护，确保了其安全性。

我国核电站在设计和建设中，除了考虑要预防强地震等方面的影响外，还考虑了飞机撞击、外部爆炸、龙卷风等各种意外，具有足够高的安全性。

还拿"华龙一号"来说，其核岛是钢筋混凝土构建物，它是整个连在一起的，具有极高的强度。

第一道安全屏障：燃料芯块

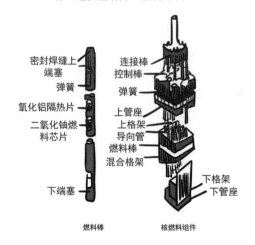

密封焊缝上端塞
弹簧
氧化铝隔热片
二氧化铀燃料芯片

下端塞

连接棒
控制棒
弹簧
上管座
上格架
导向管
燃料棒
混合格架

下格架
下管座

燃料棒　　核燃料组件

第二道安全屏障

第三道安全屏障：压力容器

第四道安全屏障：安全壳

此外，"华龙一号"的安全壳是双壳结构，里面的叫内壳，外面还有一个外壳，有 1.8 米厚，主要是防飞机撞击，即使遭受像波音 747 这么大的飞机撞击，也能保证反应堆厂房不会损坏。

即便"华龙一号"核电站遭遇到灾难，也可以通过自身的安全设备主动对反应堆进行降温保护。在这个基础上，"华龙一号"还增加了"非能动"安全系统，也就是说如果发生严重的事故后，即便没有人工干预，"华龙一号"机组也能在一定时间内保证反应堆的安全。

"华龙一号"的安全设计在国际三代核电技术中独树一帜，安全性能比二代核电机组大幅提高，使得发生反应堆芯过热熔化，或者放射性物质大量泄漏等严重事故的概率大大降低。

正是因为这样将安全导则一个一个落到实处，才保证了我国核电的安全使用。

## 小豆丁懂得多

小豆丁，你知道核电站的威胁主要有哪些方面吗？其实，核电站的威胁主要来自核素裂变和衰变时产生的大量 α、β 或 γ 射线等。这些射线对环境有害，如果将这些射线屏蔽起来，不让其进入环境，那么就能避免其威胁性。

为了减少射线的辐射，核电站的燃料芯块都包裹在锆合金或其他可靠的燃料包壳管内，组成一根根燃料棒，按照一定的形式排列后，装进反应堆压力容器内。这样，燃料裂变后产生的放射性核素，也就保存在陶瓷的核燃料芯块内，除了少量的气体，通常很难扩散出来。在燃料包壳管外，是用来冷却反应堆的冷却水，这些冷却装置外面是大约 1 米厚的混凝土安全壳。

也就是说，放射性核素被陶瓷燃料芯块、燃料包壳、一回路冷却剂系统边界、安全壳 4 层屏障包裹着，通常很难逃出，对周围人员的辐射比自然界存在的天然放射性照射还低。

小豆丁，如果核反应堆发生了异常事故，你知道会有哪些风险吗？

其风险主要有两个：一个是核反应堆的反应性控制，比如铀-235 的裂变反应快速增加，那么短期内产生的巨大热量会导致反应堆熔化、解体。不过目前人们已经能够准确计算反应堆的反应性变化，从物理上排除了过大反应性问题，并且还通过堆芯反应性温度负反馈设计，让反应性控制变得非常可靠。另一个风险就是反应堆停堆后，衰变反应还在继续，这样一定时间内还会产生大量的热量，如果这些热量不能及时被带走，堆芯还有被烧化的危险，进而让放射性物质泄漏出来，对大众造成危害。这就必须保证冷却系统正常运行。为此，核电站设置了大量的安全系统，包括应急堆芯冷却系统、余热导出系统、辅助给水系统等。

此外，核电站还配备了很多事故缓解系统。目前，第三代核电站还增加了缓解严重事故的专用系统，假如发生了反应堆堆芯熔化这种严重的事故，也能保证放射性物质对场外的影响是有限的，这就保证了核电站即使发生事故，也不会造成严重后果。

# 05 我还想送你们一瓣太阳

你知道太阳为什么会发光发热吗？对，就是核聚变。如果有一天，人类掌握了核聚变技术，会不会造出一个"太阳"呢？

外部

内部

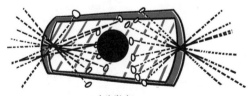

产生激光

# 让我告诉你太阳的一个小秘密

## 核能对小豆丁说

　　小豆丁，你知道吗？很早之前，当我听人说太阳是靠燃烧煤炭才发光发热时，我实在忍不住笑了。当时，我想："看来我隐藏得还不错，没让人发现这背后是我的功劳。"但是，没过多久就有人提出了疑问："如果太阳燃烧的是煤炭，那肯定很快就会烧没的。可太阳都'活'了几十亿年，直到现在还阳光灿烂，这又是为什么呢？"

　　小豆丁，你知道太阳为什么会发光发热吗？我来告诉你：包括太阳在内的恒星的能量都来自核心的核聚变反应。

　　英国物理学家弗朗西斯·阿斯顿，在用他发明的质谱仪去测量氦原子的质量时发现，氦原子的实际质量比根据2个质子和2个中子得出的质量之和少大约1%。这说明了在发生反应时有质量亏损。亏损的质量哪里去了呢？根据爱因斯坦的质能方程我们知道，这些质量亏损变成了能量释放出来，这能量就是核聚变能。

核聚变，是指质量小的原子（主要是指氘或氚），在一定条件下（如超高温和高压），两个原子核互相碰撞在一起，生成新的质量更重的原子核，并伴随着巨大的能量释放的一种核反应形式。

我们知道，原子核中蕴藏巨大的能量。当一种原子核变成另外一种原子核时，常常有能量释放出来。像前面讲过的核裂变就是重核变为轻核的一种核反应，比如原子弹、核电站利用的就是核裂变的能量；而核聚变就是由轻的原子核变成重的原子核的另一种核反应，比如太阳里发生的就是这种反应。

以目前的科技水平，不能将所有的原子都能发生核聚变反应，只有那些质量较轻的原子，它们之间的静电斥力比较小，才最容易发生聚变反应，所以目前聚变物质都选择自然界中最轻的元素氢。氢以同位素氕、氘和氚存在，其中氘和氚之间的聚变最容易，而氕和氕之间的聚变就比较困难，所以核聚变时首先考虑的是氘和氚之间的聚变。

想要让两个原子核发生聚变，就必须克服原子核之间的斥力，这需要原子核运动的速度极大才行。怎么才能让原子核运动的速度加快呢？有一个办法就是将其升温。当把氘、氚加热到上亿度时，原子核的运动速度非常快，于是还没来得及躲避就碰撞在一起生成了氦原子，并释放出巨大的能量，这种聚变也叫热核聚变。

当聚变释放的能量满足系统持续的聚变反应时，就不再需要外部供热了。这时只要及时将生成的氦原子核和中子排出系统，并及时补充原料，核聚变就能持续下去。聚变反应所生成的能量，一小部分留在反应系统中，用来维持链式反应，其余的大部分可以通过热交换器输出到反应系统外，这就是受控核聚变。

如果按照每个核子平均释放的能量来说，轻核聚变释放的能量是铀-235裂变释放的能量的4倍左右。

加热使速度加快

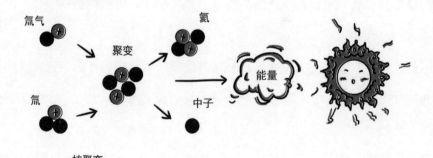

核聚变

1952 年，美国首次实现了不可控核聚变，就是氢弹爆炸。

氢弹让我们看到核聚变的恐怖，也让我们生出无限遐想：如果我们能将这样巨大的能量控制住，让它缓慢释放，那么我们就能解决全球的能源危机了。现在很多科学家正在为此而努力。

## 小豆丁懂得多

小豆丁，你知道吗？想要实现轻核聚变，必须要让两个原子核间的距离达到 $10^{-15}$ m 以内。当原子核达到这样小的距离时，它们之间的库伦斥力非常大，所以想要让他们发生核聚变，必须要让轻核具有巨大的动能。

怎样才能让原子核具有巨大的动能呢？当然是提高它的速度了。目前提高原子核的速度有两种办法，一种就是使用加速器将原子核加速，但是这种办法不经济；还有一种办法就是将原子核加热到很高的温度。

像太阳里的核聚变就是在几千万摄氏度的高温及巨大的压力下，才得以发生的；而地球上很难达到高的压力，所以只能通过增加温度来弥补。这样的话，地

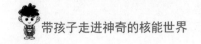

球上的可控核聚变需要在上亿度的高温下才能发生轻核聚变。

这样高的温度根本没有什么容器能够承受住，所以需要想办法将这些超高温度的粒子约束住，不让它四处"碰壁"，为此科学家想了很多办法，如：磁约束型核聚变、惯性约束型核聚变、聚裂变混合堆等方法。

跟核裂变相比，科学家对核聚变的研究非常缓慢，直到现在受控核聚变还没研制成功，不过现在各国都有喜讯传来，也许不久我们真的能创造出一瓣太阳。

# 可控核聚变的魅力无人能挡

## 核能对小豆丁说

小豆丁，可控核聚变的实现真的是太难了，地球上还没有什么材料能忍受这样的高温高压。不过，科学家并没有放弃。

你知道吗？小豆丁，我很佩服你们，你们总是那么敢想、敢做。即便看起来不可能实现的事情，你们也敢去尝试，并且都坚持好几十年了。看来我的魅力真的很大，让你们一代又一代的科学家不懈地坚持。

为什么人类对可控核聚变如此执着？其实主要是人类对可控核聚变释放的巨大能量执着。可控核聚变产生的热量比核裂变的热量还多，并且核聚变没有放射性污染的风险，所以备受青睐。

能源短缺已经成为一个世界性的难题。虽然现在有了核电站，但是因为核电站还存在一定的风险，并且核电站的废料处理也是个世界难题。

但是，核聚变反应不会存在像核裂变那样的风险。因为核聚变需要超高温度，一旦出现故障，温度也很难维系，于是反应就会自动终止，所以根本不存在什么危险。此外，热核聚变的反应物是氦，它没有放射性。核聚变反应存在的放射性废物，主要是泄漏的氚以及高速中子、质子和其他物质反应生成的放射性物质，跟核裂变相比数量很少，并且很容易处理。

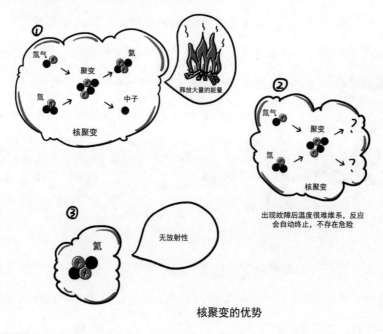

核聚变的优势

面对这样效率高还清洁的能源，人类怎么可能不动心？！

此外，核电站的铀 –235 也不是无限的，使用一段时间后也会面临枯竭的危险。但是，核聚变的原料却非常丰富，每升海水中含有氘 0.03 克，如果让它们发生聚变反应，释放的热量相当于燃烧 300 升汽油所放出的热量。据估计，地球上海水含有的氘约为 40 万亿吨，这么多的数量几乎可以让人类用到天荒地老。

并且从水中提取氘非常方便，成本也低。目前，从水中电离出 1 克的重水（由氘和氧组成）大概需要 7 元人民币。你知道 1 克重水聚变能产生多少能量吗？据推算，大约相当于 800 万度电的能量，如果按每度电 0.5 元的单价计算，这些电量的估值是 400 万元人民币。这也是人们为之"痴狂"的原因之一。

所以，虽然现在风能、太阳能也是安全的清洁能源，并且安装还简单，使用也方便，运行也安全，但是人类还是要不惜一切代价要去实现这难以实现的可控核聚变。

一旦实现可控核聚变，对人类的影响将是划时代的。

## 小豆丁懂得多

小豆丁，想要实现可控核聚变可不是那么简单的事情，首先必须解决高温的问题，因为地球上没有任何容器能忍受住如此高的温度。在过去几十年内，人们对可控核聚变的研究已经经历了六个阶段。

　　第一阶段，各国科学家争相发明各种类型的聚变装置。其中比较有价值的装置由英国物理学家汤姆逊和布莱克曼提出的箍缩装置，它主要是利用环形等离子体自身产生的磁场去约束等离子体，让它与容器壁相脱离。

　　第二阶段，美国、苏联、英国等各国秘密开始研发核聚变，并展开了激烈的竞争。

　　第三阶段，各国发现核聚变不是那么容易的事，于是将部分核聚变技术解密，开始重点研究高温等离子体的基本性质。

　　1958 年是核聚变研究发生重大转折的一年，在日内瓦举行的第二届和平利用原子能国际会议上，大家决定开展合作。

　　第四阶段，随着托卡马克装置的优点凸显，各国开始积极投入到托卡马克研究的热潮中，并不断取得佳绩。在 20 世纪 70 年代，建造了 4 个大型托卡马克装置。

　　第五阶段，随着认识的深入，各国放下成见，开始国际合作研究核聚变实验反应堆，也就是 ITER 计划。这是目前全球规模最大、影响最深远的国际科研合作项目之一。

　　第六阶段，随着激光的出现，激光核聚变等大量惯性约束核聚变装置不断发展。美国建造了最大的激光装置 Nova，后来又建造了美国国家点火装置，中国发展了自己的大功率激光器"神光"系列。

# 可控核聚变到底有多难

小豆丁，如果我告诉你，早有人实现了核聚变，你会不会感到很惊讶？其实，卢瑟福和布拉凯特当年就见证了人类首次人工核聚变，并且安全可控，其方程式为：$^{14}_{7}N + ^{4}_{2}He \rightarrow ^{17}_{8}O + ^{1}_{1}H$，不过这个反应并没有得到什么能量。

也有报道说已经实现了可控核聚变，并释放了大量的能量，其实这一类核聚变的反应是：

$$^{2}_{1}H + ^{2}_{1}H \rightarrow ^{3}_{2}He + ^{1}_{0}n + 3.27MeV, \quad ^{2}_{1}H + ^{2}_{1}H \rightarrow ^{3}_{1}H + ^{1}_{1}H + 4.03MeV$$

这类的可控核聚变，跟前文提到的可控核聚变存在着很大的差距，这类可控核聚变不能产生净能量。虽然这种核聚变反应也释放了巨大的能量，但是释放的能量远低于让该反应得以进行所需要消耗的能量。这也就意味着，一场这样的核聚变下来，什么都没捞着，还搭上了更多的能量，所以这样的可控核聚变反应只是科学的玩具，不可能实现工业化。

要想在地球上实现有工业价值的可控核聚变，面临的困难主要有两个：一个是怎样让核聚变材料达到高温高压；第二个就是这样高温高压的材料用什么容器去装它。

如何让核聚变的材料达到高温高压的状态？激光器出现以后，一些科学家就提出用激光脉冲来"点燃"氘氚气体引发核聚变的设想。这个方法就像我们用放大镜将阳光汇聚一点去点燃树叶一样，不过要"点燃"核聚变材料的温度要高得多，所以需要的激光器也很多。要让很多激光器将能量聚焦于一点，也不容易。这一过程不仅时间要短，还要让被加热的物体在各个方向上都受热均匀。

这是什么意思呢？假如我们将被加热加压的物体想象成一个篮球，想要给篮球里面的气体加压，最好的办法就是对整个篮球均匀用力，让里面气体的体积被压缩，这样效果最好。如果我们只从两个方向施加压力，那么篮球就会变形，里面的气体被压缩的效果就会大打折扣。

所以，我们用激光"点燃"核聚变材料时，不仅需要精准控制激光器的发射方向，还需要严格控制它们的能量，这个过程需要在极短的时间内完成。这就需要过硬的技术了，稍有不慎就会失败。

目前这方面进展最快的是美国的"国家点火装置"。它将192条激光汇聚于一点。我国的神光三号激光装置装有48束激光，总输出能量达18万焦耳。

虽然激光点火装置降低了驱动的能量，但是怎样将点火激光的能量精准地传输到核聚变材料上，还有很多问题急需解决。比如，超强激光会跟等离子体相互作用，从而产生各种复杂的问题；超热电子束在传输过程中会发生偏离等问题。

外部

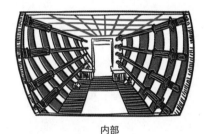

内部

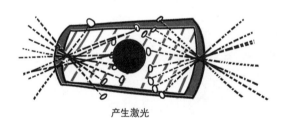

产生激光

**美国的"国家点火装置"**

即便第一个问题解决了，还有第二个难题等着我们，那就是目前人类还没有找到既能耐 1 亿度的高温，又能忍受中子束的照射，还能承受住高压，当然还不能太贵，能容易获得的超级材料。

115

这怎么办呢？看起来好像走进了死胡同。不过，聪明的科学家想，既然没有能耐高温高压的容器，那么就用一种力量将那些高温高压的物质"捆住"，不让它们接触到容器，这样就化解了这个难题。

什么力量可以"捆住"那个高温高压的物质呢？科学家发现，可以用磁场来约束，让高温高压气体在洛伦兹力的作用下，在一个固定的密闭环中不停地旋转，也能达到盛放的目的。这样的装置，目前最常用的就是"超导托卡马克"装置。

虽然目前这两个难点都有了相应的解决办法，但却无法将二者完美结合起来。因为激光点火装置使用的是惯性约束，需要将聚变材料放置在一个固定的位置并保持静止不动，然后进行加热、点燃。但是超导托卡马克装置使用的是磁约束，需要核聚变材料不停地高速运动。

为了实现可控核聚变，我国选择了这两种方案同时进行，激光点火方面我国有神光装置，"超导托卡马克"方面我国有"先进实验超导托卡马克"（也就是EAST）。

其实，可控核聚变难以实现的原因还有一点，就是在超高温度下，等离子体的稳定性很难保证。因为等离子体太复杂了，所涉及的变量也非常多，其行为很难研究。不过，随着计算机技术的发展，可能会协助人类解决这些难题。

小豆丁懂得多

小豆丁，激光聚变被认为是实现可控核聚变的有效途径之一，你知道激光核聚变的点火方式有哪些吗？目前，其点火方式主要有直接驱动、间接驱动和快点火三种，其中快点火方式是现在的主流方式。

所谓激光快点火就是利用激光脉冲产生的大量高能超热电子，将已经压缩的氘氚聚变燃料快速加热到核聚变反应所需的温度（1亿度以上），来引发核聚变。

为了能制造出能量更高的激光超热电子，激光器的聚光能力很重要，而高功率的激光薄膜就是重要元件之一。强激光是直线前进的，怎么让它们聚集在指定的地方呢？目前，唯一的法宝就是激光薄膜，它能够让所有的激光束射到人类想要的地方。

# 世界各国核聚变的新趋势

## 核能对小豆丁说

第一颗原子弹爆炸 6 年后，人类就掌握了核裂变的能量，用它来发电。但是第一颗氢弹爆炸这么多年过去了，你们想用核聚变来发电的梦想还没实现。小豆丁，你想过这是为什么了吗？

这是因为你们这个梦想实在太伟大了！想要解决你们能源的终极问题，想要在地球上建造"人造太阳"，听起来就不可思议。不过，这样伟大的事业哪有那么容易就能实现的？！所以小豆丁，你们要继续努力学习我、了解我，最终学会控制我，只有这样才能实现你们那个伟大的梦想。

几十年过去了，对于可控核聚变，人们虽然取得了一些成绩，比如，在磁约束核聚变理论上已经取得突破性的进展，还验证了托卡马克装置是实现磁约束聚变的有效途径，在激光点火方面也捷报频传，但是人们也发现，想要实现可控核聚变不是很快就能完成的，于是世界主要国家都开始制订中长期战略计划。

美国对于核聚变的研究主要集中在研究等离子体的基本行为，寻找能够盛装等离子体的材料，怎样高功率地注入等离子体以及等离子体诊断这四个方面。

欧盟既有国际热核聚变实验堆计划（ITER），又有国际热核聚变材料辐照设施计划（IFMIF），他们将这两个计划同时建设、运行，还制定了核聚变的研究线路图。

日本也不甘落后，他们将原来的托卡马克装置 JT-60 改造成更大的 JT-60SA，还积极开展燃烧等离子体物理实验，目的是解决 ITER 和示范聚变电站（DEMO）之间的稳态运行存在的各种问题。不仅如此，他们还积极探索能替代螺旋场约束和激光聚变的其他方法。

我国对开发核聚变非常务实，设定了近期、中期和远期目标，将实现核聚变分为三个阶段，第一个阶段主要是掌握聚变能技术，第二个阶段主要是建造聚变能工程，第三个阶段是将聚变能商用。目前，我们国家正处在第二个阶段，取得了不少成就。

俄罗斯计划建造高温磁约束氘氚等离子体热核聚变反应堆，并开发建造聚变中子源，并制定出到 2050 年的未来发展路线。

韩国也通过了《聚变能源开发促进法》，并且跟美国普林斯顿等离子体物理

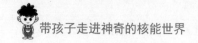

实验室达成了合作协议，准备开启聚变堆示范装置的研究。

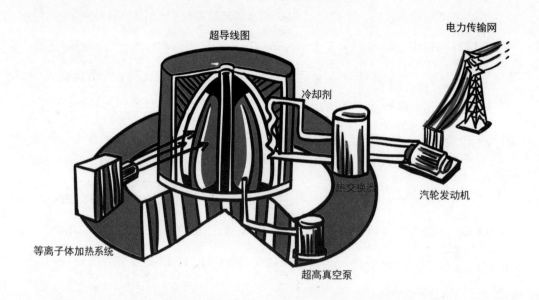

**以超导托卡马克聚变堆为基础的未来聚变核电电站**

目前世界上主要研究磁约束核聚变的国家一起合作进行 ITER 计划，取得了不少成就。磁约束聚变涉及物理、化学、材料和工程等多个领域，是一门非常复杂的综合科学，其关键前沿技术主要包括以下几点。

1. 超导磁体材料

想要实现可控核聚变的商业化，必须要保证等离子体的稳定运行，所以对等离子的约束非常重要，这对未来大型超导磁体技术提出了新的要求。

2. 增殖包层模块设计

在磁约束聚变系统中，反应区域其实就是一团被磁场约束的等离子体，这些等离子体则是被包层包围着。不过，未来，这些包层需要具备好几种作用。比如，在事故发生时，这些面向等离子体的包层不会被高温等离子破坏，具有较强的中子吸收能力，能将聚变产生的热量带出真空室，能利用聚变的中子生产氚。

3. 钨基材料强韧化技术

因为核聚变的特殊性，未来的聚变示范堆和商用堆的结构材料要求很高，需要有较低的辐照肿胀和热膨胀系数，但是导热率却要高，力学性能还要好。目前通过钨基材料能有效避免机械合金化的一些问题，如果再添加一些氧化物可以提高钨基材料的韧性。

4. 包层脱粘缺陷的声发射检测技术

在 ITER 计划中，包层是关键部件之一，它由第一壁、屏蔽块及柔性支撑组成，其损伤主要是第一壁界面的脱粘，怎么检测是不是出现了脱粘情况呢？可以利用一种动态检测方法，比如声发射（AE）检测技术，可以实现连续的在线监测。

## 小豆丁懂得多

小豆丁，你知道吗？在托卡马克装置中，为了保证核聚变反应的效率，必须

要保证等离子体不受杂质（比如钨，因为钨进入等离子后，就会降低等离子的温度，使得反应效率降低）的影响。各国科学家为了将杂质的影响降到最低，都操碎了心。

之前，有科学家在托克马克装置面向等离子体的那面涂一层硼（这过程也叫"硼化"），用来阻止装置中的钨元素跑到等离子中，减低核聚变的反应效率。

目前大多使用二硼烷的硼化气体来阻止钨跑出来，但是二硼烷气体具有毒性和爆炸性，在使用过程中不安全。所以，每一次硼化，托卡马克装置必须要停止，并且所有人员都要暂离托卡马克装置所在的大楼。但是，美国科学家却在研究中发现：只要向等离子体中喷洒硼粉而不是充入膨化气体，工作人员就不用暂离托卡马克装置的大楼。

小豆丁，你知道为什么使用硼粉就不用停止反应装置吗？因为硼粉是惰性的，所以可以在装置运行的状态中直接添加到等离子体中。

科学家还发现，使用硼粉还能增加等离子体边缘的热量，从而让磁场中的等离子体更加稳定，这正是科学家梦寐以求的。使用硼粉可以很方便地制造出低密度聚变等离子体，这种聚变等离子体因为密度低，可以很好地被磁脉冲控制，从而增加了其稳定性。利用这种方法，科学家可以制造出更多的等离子体，方便人们的研究。

# 06 我还没"成才"时的一些秘密

你知道吗？蕴含巨大能量的核能就隐藏在美丽的铀矿石中。

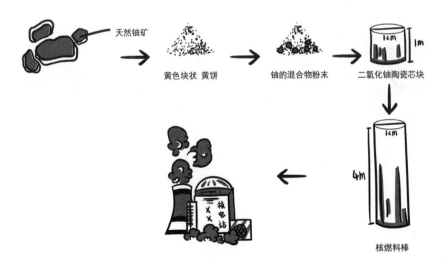

天然铀矿

黄色块状 黄饼

铀的混合物粉末

二氧化铀陶瓷芯块

核燃料棒

# 我就是那朵"带刺的玫瑰"

## 核能对小豆丁说

　　小豆丁，你知道吗？以前的我还藏在美丽的矿石之中，这种矿石叫铀矿石，它分布在世界各处。其中澳大利亚最丰富，其次是加拿大、哈萨克斯坦、俄罗斯、南非等。铀矿石大多非常美丽，它们有的像黄色的小雏菊，有的像红色的胭脂，有的像黄绿色新长出的小草，有的像闪亮的黑珍珠。因为这些矿石的色彩非常绚烂，于是被称为矿石家族中的"玫瑰花"，不过我是那个"带刺的玫瑰"。

　　我们的地球上有很多种矿石，比如煤矿、铁矿、铜矿、金矿等，但要说矿石中最美丽的还属铀矿石。它的色彩艳丽，很早以前古人就用它给玻璃着色或给陶瓷上釉，直到近代才将其用在核武器和核电上面。

　　目前，自然界中发现的铀矿物约有 134 种，但是原生铀矿只有 8 种，而工业上利用的主要就是这些原生铀矿物。原生铀矿物主要有晶质铀矿、沥青铀矿、钛铀矿、铈铀钛铁矿、铌钽铀矿和铀石等。非原生铀矿有黄钙铀矿、绿铀矿、红铅铀矿、铜铀云母和钙铀云母等。

晶质铀矿　　　　　　　　　　　沥青铀矿

钛铀矿　　　　　　　　　　　铌钽铀矿

铀矿物不仅颜色绚丽，其形状也多种多样，有粉末状的、块状的、膏状的、钟乳状的等。其实，铀矿物中铀的含量很低，不到 0.1%。基本上，如果勘探到一个含量高于 0.05% 的铀矿，那么恭喜你，可以去开采了。

铀矿石的开采方式主要有地下开采法、露天开采法和化学开采法。目前最先进的开采方法就是化学开采法，也叫地浸法。这种方法通过管道，将稀酸（碱）

化学溶剂注入地下，让其与埋在地下的铀矿石发生反应，生成含铀的溶液，然后用另外的管道将这些含铀的溶液抽取出来，到地面后进行水冶处理，然后继续提炼。

这种开采法不用对大量的铀矿石进行采挖、运输、破碎，所以用这种方法采铀对周围的环境破坏小，并且投资少、效率高。但是这种开采方法的要求也高，只适用于含铀矿地质体结构松散、透水性较好的矿床。

铀是非常罕见的放射性金属元素，并且在地球上的分布非常不均。地球上29%的铀矿分布在澳大利亚，12%分布在哈萨克斯坦，9%分布在俄罗斯。我国的铀含量在世界排名第10，只有4%，并且矿石品位偏低，通常还有磷、硫及有色金属、稀有金属矿产与之共生或伴生。

我国的铀矿床规模也不大，主要以中小型为主，矿床的类型主要是花岗岩型、火山岩型、砂岩型、碳硅泥岩型四种。

铀矿石也有放射性，但是其放射性并不可怕。假如一个人口袋里揣1斤左右的铀矿石，每天受到的辐射量仅跟一块夜光表相当。接触铀矿物后，只要认真清洗，就不会有什么危险，也不会给身体留下危害，所以如果你不小心捡到了一块铀矿石，也不用太担心。

## 小豆丁懂得多

小豆丁，你知道我国铀矿石是谁最先发现的吗？是我国杰出的地质学家南延宗。他被称为"中国铀矿之父"。南延宗从小家境贫寒，自幼就聪明好学，曾经两次跃级，最后考入南京中央大学地质系。

他很崇拜徐霞客，羡慕他走遍了祖国的名山大川。他曾说过"石不能言最可人"。那些斑斓晶莹的矿石让他如醉如痴。他翻山越岭，风餐露宿，只为探寻那些埋在深山中的矿石。

1943 年的 5 月，他在福建永泰双溪口，无意间抬头看到对面的山有些奇怪，山顶长着很多树木，山脚也长满荆棘，唯独山腰寸草不生，都是洁净的石层，他意识到这里应该会有矿。最后，经过勘查确认山腰都是明矾石矿，储量高达 2 000 万吨。

作为矿石的"伯乐"，南延宗在广西钟山一个废弃的锡钨矿口无意中发现很多鲜艳的黄色粉末。看到这些黄色的粉末，他的第一反应就是认为这里可能含有一些稀有元素，于是，他收集了一些回去继续研究。

回去后，他用显微镜对这包神秘物质进行了分析，发现它们呈现完美的四面体结晶，这正是铀元素的特征！他们几乎不敢相信自己的眼睛，又对其做了照相感光实验，确认就是铀元素。

当年 8 月，他们随当时的所长，著名的地质学家李四光又去复查，确认这里的铀矿物是生长在钨锡伟晶花岗岩脉中的断层面上，虽然产量不多，但确认是铀矿。

这是中国人第一次发现铀矿，也是铀矿首次在中国发现，引起了中国地质界的轰动。

后来他根据铀矿与钨、锡共生在花岗伟晶岩脉中的规律，预测广西、江西、湖南都可能有铀矿，这为新中国铀矿资源的寻找指明了方向。

# 我的弱小黑历史

## 核能对小豆丁说

小豆丁，在你心中我是不是非常厉害啊？不仅具有巨大的"超能力"，还具有强烈的放射性，这两种强悍的特性同时出现在我身上，让你害怕了吧？

别怕，其实我之前只是个"弱鸡"，根本没有什么威胁性，大家可以徒手携带我。下面我给你讲讲我的弱小黑历史。

就像火电厂离不开煤等化石燃料，核电站也离不开核燃料。我们知道，煤开采出来后就能作为燃料使用，那么铀是不是开采出来后，也能作为燃料直接使用呢？这个还真不是。自然界的铀存在铀矿之中，铀矿被开采出来后要经过一系列复杂的提纯、同位素分离、加工之后才能变成核燃料，然后才能用在反应堆中。

不过，铀矿跟采煤一样也需事先勘探。我国在 20 世纪 50 年代，在全国进行了大规模的天然铀矿普查，最早在广西发现了天然铀矿的原石。

在天然铀矿四周，你根本看不到什么异象，四周的植物长得很正常，周围的居民也不会受到什么影响，你想象中的寸草不生景象根本不存在。只有通过专业的放射性检查仪器，才能发现铀矿床附近的放射性稍稍高于没有放射性矿物的地区。

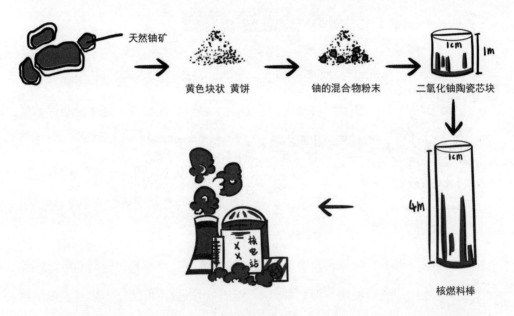

天然铀矿

黄色块状 黄饼

铀的混合物粉末

二氧化铀陶瓷芯块

核燃料棒

为什么天然铀矿的放射性这样低呢？这是因为，经过几十亿年的天然衰变后，它们的放射性已经很低了，对生物的影响很有限，就是直接用手去拿都没事。所以在开采和提炼过程中，工人只需要正常穿戴工作服和口罩，就能起到很好的防护作用。

天然铀矿被开采出来后，一般要先经过物理选矿，筛选掉一些废石，提高待处理矿石的纯度，再经过铀矿石预处理、浸出加工后，一般得到黄色块状或粉末状的重铀酸铵，俗称"黄饼"。黄饼的放射性仍然很低，加工工人只需穿上较低级别的工作服就行了。

黄饼提纯后，送到专门的铀浓缩工厂，加工成四氟化铀、六氟化铀，经过一系列的反应变成铀的混合物粉末。然后，将这些粉末烧结成二氧化铀陶瓷芯块。最后，将几百个芯块叠在一起装入锆合金材料套管内，制成反应堆中一根根的核燃料棒。

没有发生反应的燃料棒其辐射性依然不高，因为燃料棒通常都是铀和钚做成的，其自身衰变只释放 α 射线，也就是氦核。因为氦核带正电荷，在运动过程中容易被其他原子核所阻挡，所以穿透力低，我们的皮肤就能阻挡它，何况它根本无法穿透燃料棒的锆包壳。

但是，一旦将这些燃料棒放入反应堆中"点燃"后，它们就变得非常危险了。因为在裂变中，会产生非常多的具有极强放射性的短半衰期新元素，比如镭、铯、碘、钚、钴等，会产生穿透力极强的 γ 射线。它们是非常危险的存在，也是核电站发生事故后的恐怖之处。

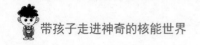
## 小豆丁懂得多

小豆丁，你知道铀也有很多同位素吗？不过天然铀矿石中铀 –235 的含量非常低，而铀 –238 却很高。我们讲过，核裂变反应需要的是铀 –235，而不是铀 –238，但是这么多的铀 –238 包围着铀 –235，想要让中子与铀 –235"见面"并发生裂变反应真的太难了！

你觉得应该怎么办呢？对，我们只能提高铀 –235 的浓度，也就是铀浓缩，让铀 –235 多起来，这样就能增加中子和铀 –235"见面"的机会，才能发生核裂变反应。

但是铀 –235 和铀 –238 就是同一种元素，根本不能用化学方法将它们分开，况且它们的物理性质也几乎相同，并且还不能用称重的方法将它们分开。小豆丁，我们应该怎么办呢？看来只能从它们的质量不同入手了。

扩散定律告诉我们，气体的扩散速度与气体的质量成反比，也就是说质量越小跑得越快，于是科学家想到一个"马拉松"比试法。他们先将黄饼转化为气态的六氟化铀，然后让它们在一根非常长的管子中扩散，因为铀 –235 的质量轻，所以它会跑在前面。根据这个方法能将铀 –235 和铀 –238 进行分离，一次一次地扩散，最后将铀 –235 的浓度不断提高，直到达到所需的要求为止。

由于这种方法分离系数小，工厂规模大，耗电和成本都很高，已经被淘汰。

目前，大多数工厂采用的是气体离心法。我们知道，质量不同的物体，其离心力也不同，于是科学家让六氟化铀气体，通过一系列高速旋转的圆筒或离心机。由于铀 –238 较重，容易在圆筒的近壁处富集，科学家通过这种方法将它们分开来。这样一次次分离后，最终将铀 –235 的浓度不断提高。

# 燃料元件的设计真是一门大学问

小豆丁，如果说反应堆是核电站的心脏，那什么又是反应堆的心脏呢？对，就是燃料元件。燃料元件是核反应堆内具有独立结构的使用单元，也是核燃料的基本单元，它相当于反应堆的心脏。

燃料元件既包括单一的圆柱状短棒，也包括结构复杂的大组件，不过，一般是指由燃料芯体和包壳组成的燃料单元。燃料元件有很重要的作用，它需要将核裂变反应中产生的我导出来，还需要将那些强放射物质屏蔽，不让它们泄漏出来。所以，在设计燃料元件时要考虑很多方面。

核电站的燃料元件要求非常高。因为，在发生核裂变反应时，它除了要承受极高的温度和压力，还要承受剧烈的振动，此外，还要独自"忍受"强中子和强

γ 射线的辐照。它像个全能的"将军"，既能满足冶金、传热的独特要求，又要满足机械等诸多方面的性能需求。

在设计时，除了要考虑燃料元件的形状、尺寸、排列方式或栅距，还要考虑核能的独特性，以及热工水力和材料结构等多方面的要求。

燃料元件的设计主要包括：燃料和包壳的材料用什么；燃料元件棒的直径是多少；包壳的厚度做到多少做合适；芯块做成什么形状，尺寸是多少；就连包壳和芯块之间的间隙都是经过一遍一遍核算的。

因为考虑到要从冷却剂中导出巨大的热量，所以燃料元件要尽量做小，这样能增加表面积，利于导出热量。所以，燃料元件通常做成表面积要比体积大的形状，如板状、棒状、球状等。

燃料元件是由燃料包壳和燃料芯体构成，为了防止裂变产物漏出到冷却剂中，燃料包壳在设计的时候需要考虑很多。

因为在使用时，燃料包壳外面需要直接接触冷却剂，除了承受外部冷却剂的压力外，还会受到化学腐蚀的影响；内表面需要接触核燃料芯体，会受到芯体及裂变反应物的侵蚀。此外，裂变反应时，还有气体产生，因此还会受到内压的影响。所以，选择包壳需要注意以下几项要求。

对冷却剂的耐腐蚀性；是否与燃料芯体发生化学反应；抗压强度；不渗透性；热中子吸收截面；辐照效应；导热系数；焊接性能；供应情况和价格；后处理是

否容易等问题。

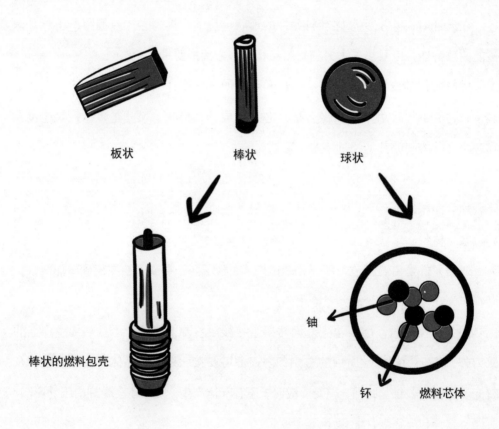

板状　　　　　棒状　　　　　球状

棒状的燃料包壳

铀

钚　　燃料芯体

目前常用的包壳有：铝合金包壳，这样的包壳只能用在温度在100℃以下的纯水研究堆；镁合金包壳，因为镁在水中的耐腐蚀性较差，所以不能用在水冷堆中，通常用在气冷堆中；锆合金包壳，可以用在轻水冷却和重水冷却动力堆中；奥氏体不锈钢包壳，有相当好的耐腐蚀性，并且在500℃时还有很好的强度。

燃料元件中的芯体材料主要是铀，其次是钚，还有钍，其中钚不是天然的。对于芯体的包覆方法主要有两种：一种是把芯体和包壳分别做成一定的形状，然后再将芯体装入包壳中密封起来，比如棒状和板状；另一种直接将包壳包覆在芯体表面上，比如球状。

燃料元件在核反应堆中有非常重要的作用，除了提供能量外，也是核反应安全的第一道屏障，所以需要非常慎重。通常一种新型燃料元件从提出概念到产生出成品都需要5到10年。

## 小豆丁懂得多

小豆丁，你知道棒状燃料又分为哪两种吗？是的，一种是包壳中包含金属铀或合金的棒；另一种是把数量众多的二氧化铀陶瓷烧结成块，然后装到包壳管中。

对于第二种类型的棒状燃料，其制作原理是，先把陶瓷燃料装入细长的燃料棒或燃料细棒中，然后再把这些装有陶瓷燃料的燃料棒做成棒束。这种类型的棒状燃料通常用于轻水动力堆、重水慢化动力堆、改进型二氧化碳气冷堆中。

对了，小豆丁，对于第二种类型的燃料棒，其组成棒束的方法有两种：一种是按方形排列成外形为正方形的；一种是按同心圆形排列成外形为圆形的。你是喜欢正方形还是圆形呢？

# 告诉你们一个秘密，核燃料是不能"烧尽"的

## 核能对小豆丁说

　　小豆丁，你知道什么是核燃料的"燃烧"吗？核燃料在反应堆中"燃烧"的过程，其实就是核燃料中的那些易裂变核素，如铀-235、钚-239 或铀-233 等在中子流的轰击下，不断发生核裂变反应的过程。

　　刚开始反应时，核燃料中易裂变核素含量高，所以反应性很高。但是，随着反应的进行，里面易裂变核素的含量逐渐降低，反应性也逐渐降低。为了让反应得以继续，必须要调整控制棒的位置来增加反应性，但是当调整控制棒的位置也没效果时，该怎么办呢？

　　因为核反应堆的运行特性和安全上的要求，燃料棒不像化石燃料那样一次就能"燃烧"干净，通常"燃烧"不到 10% 就不能再用了。为什么核燃料在反应堆中不能"烧尽"呢？主要有以下两点原因。

（1）当链式反应进行到一定程度，反应堆中易裂变核素含量逐渐降低，为了保证反应堆的活性，只能调整控制棒的位置。但是当这个方法也失效时，就必须将核燃料从反应堆中卸出了。因为这时，临界质量已经太小，无法让链式反应继续下去了。

（2）核燃料元件的运行环境非常严峻。随着反应的继续，燃料包壳不断受到高温、高压、辐射还有各种腐蚀的影响，当积累到一定程度就会发生变形，即便其材料再好也有一个使用期限。当使用寿命到的时候，就需要将其卸载下来。

至于什么时候将核燃料从反应堆中卸出，那要看燃料的辐照性、力学性能以及燃料的浓缩度等。

跟其他反应相比，核反应有其独特的性质，想要保证反应堆的正常运行，核燃料有一个安全值，太高就会不受控制，会像原子弹那样发生爆炸；太低的话，裂变的中子无法维持核裂变反应的继续，所以卸出核燃料时必须要保证有个最低数量的易裂变核素，是不能"烧尽"的。

不过，这些被卸载下来，还没"烧尽"的废燃料并不是完全无用的"废物"，它里面还含有很多有价值的物质，如，还没有裂变完的铀 –235、钚 –239 和铀 –233，还有很多没有用完的可转换核素铀 –238、钍 –232，以及在辐照过程中生成的超铀元素，还有核裂变中产生的有用元素，如锶 –90、铯 –137 等。这些可都是宝贝，通过回收和纯化，它们都是非常有用的。

原因一：

临界质量已经太小，无法让链式反应继续下去

原因二：

核燃料元件受到高温、高压、辐射，发生变形需要将其卸载下来

## 小豆丁懂得多

小豆丁，你知道什么是临界质量吗？

其实所谓的临界质量，就是指维持核裂变反应所需要的裂变材料的最小质量。当低于这个质量时，核裂变反应就无法继续。你要记住，不同的裂变材料，会有不同的临界质量。

　　小豆丁，你知道是谁首先对铀的临界质量进行研究的吗？就是法国物理学家佩林。他以天然铀为对象进行了研究，得出结论：想要铀维持核裂变反应，其临界质量居然是 44 吨。后来，又经过不断研究，他说，如果能阻止天然铀矿石中游离的中子，可以将铀的临界质量缩小到 13 吨。

　　这个数量也太大了。要知道，如果一个炸弹要这么重，也没有当作武器的意义了，因为这么重的原料既不能装入炮筒里发射，也不能装入轰炸机中投掷到敌方阵地。

**易裂变核素**

　　是指用任意能量的中子去轰击，都能让其原子核发生裂变的可裂变核素。即便用能量较低的热中子去轰击，易裂变核素也能引发核裂变反应，也就是通常所说的核燃料。

　　后来，费里希和派尔斯商量，如果使用浓缩铀 –235 的话，会不会将临界质量降低呢？因为天然铀中铀 –238 的含量高达 99% 以上，这远远高于铀 –235 的含量。

　　经过计算，费里希和派尔斯认为，如果将铀 –235 浓缩，只需要几公斤的铀就可以了，他们从理论上证明了原子弹的可行性。

# 07 我产生的废料要怎么处理

核电站产生的"垃圾"很少，但一不留神让它溜进大自然中，就会对周围的环境造成重大伤害。我们应该怎样处理核电站的"垃圾"呢？

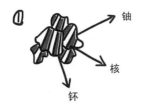

通过后处理后，回收其中的铀和钚

存放在中间贮存设施中

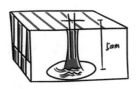

放入地质处置库

还有一些国家，将乏燃料暂存起来，等以后找到合适的后处理方法后再进行处理

# 不要奇怪，我也产生废料

小豆丁，你有没有发现，这个世界很奇妙，没有什么物质可以凭空消失。一种物质消失后，就会出现另一种物质，就像煤烧完后会产生煤渣，核燃料"燃烧"后也会产生核废料。

小豆丁，你知道什么是核废料吗？其实，核废料泛指核燃料在生产、加工和反应过程中用过的，不再需要的，并具有放射性的一种废料。因为核废料具有放射性，所以在处理的时候跟其他的废料完全不同。

当原子核隐藏的巨大能量被世人发现以后，人们就努力想驯服它，让它为人类服务，于是核电站应运而生。随着核电站的飞速发展，核能正带给我们一个新的开始。但是，伴随核能的开发和利用，它也带给我一个世界难题，那就是核废

144

料的安全处理问题。

什么是核废料？我们知道，核燃料在采掘、加工和使用过程中不可能都是100%完全被利用，总会产生一些不需要的废料。这些废料很有"个性"——具有放射性，于是这些具有放射性的废料就被称为核废料。

因为自然界的铀矿中铀-235的含量不高，不能供核电站直接使用，必须先用物理、化学等方法提纯后才能用，这一过程会产生大量的核废料。提纯后的原料，还需要将铀-235从同位素中分离出来，这一过程也产生新的核废料。

当核燃料放入反应堆后，铀-235经过链式反应释放能量。但是人类现在的技术还无法将核燃料完全利用，加上铀元素裂变后的产物，于是就组成了高辐射的乏燃料。此外，核电站一般使用寿命是30年，等核电站退役后就会被拆除。拆除物中有的因为长期接触放射性物质，需要当作核废料处理。

总之，核废料来源主要包括以下几种。

（1）铀（钍）矿山、铀浓缩厂、核燃料元件加工厂等。

（2）各种类型的核反应堆，如研究堆、核电站、使用核动力的船舰和卫星等。

（3）乏燃料的后处理。

（4）核废物处理过程。

（5）医院、研究所及大专院校，在使用一些放射性物质时产生的核废料。

（6）核武器在生产、实验过程中产生的核废料。

（7）核设施退役后也会产生核废料。

核废料的形式和种类很多，不同形式和种类的核废料，其物理、化学性质也有很大差异，其处理方法也会有所不同。按物理形态可将核废料分为固态、液态和气态三种；按活性又可将核废料分为高放废料、中放废料、低放废料三种。

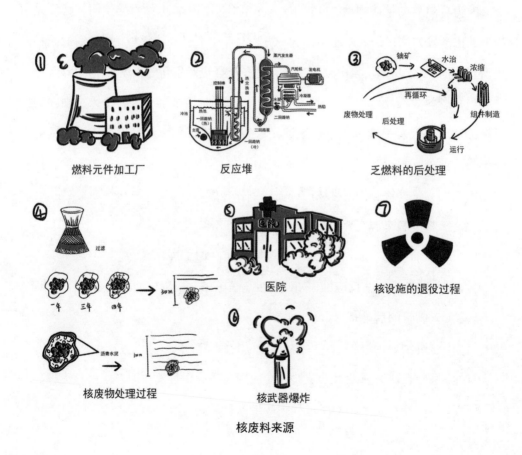

燃料元件加工厂　　反应堆　　乏燃料的后处理

核废物处理过程　　核武器爆炸

核设施的退役过程

**核废料来源**

核废料中大部分都是中低放废料，大约占比 97%，在这 97% 的物质中只含有 5% 的放射性。一般核电站在生产过程中，被辐射过的一些物品和产生的废气、废液属于低放废料，在发电过程中产生的一些废物废液属于中放废料。

高放废料不多，只占核废料总量的 3%，比如，直接从堆芯中置换下来的乏燃料，就属于高放废料。不过，虽然高放废料占比不多，但是却包含 95% 的放射性，并且，有的半衰期长达几十万年。所以，怎么处理这些高放废料，是一个很严峻的问题。

## 小豆丁懂得多

小豆丁，现在核废料的处理已经成为一个世界性难题。因为它危害性强，并且它还难运输、难储存、难降解。人们为了解决这一难题，在 1954 年第九届联合国大会上，决定成立一个专门致力于和平利用原子能的国际机构，叫国际原子能机构。

小豆丁，你听说过国际原子能机构吗？这个机构正式成立于 1957 年，其总部设在奥地利的维也纳。该机构的组织结构包括大会、理事会和秘书处，全体成员国每年召开一次大会。截至 2012 年，国际原子能机构共有 153 个成员国，中国于

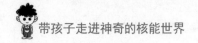

1984 年加入该组织。

国际原子能机构设置一个紧急情况反应中心，在全世界有 220 个联络点，能 24 小时处理紧急核事故。在发生核事故或核辐射的紧急情况下，编制应急计划以及适当的法规，可指定适当的培训方案，可提供专家、设备和材料。

国际原子能机构对核废料的处理和处置有着严格的规定，各个国家必须遵守。国际原子能机构，根据废料放射性水平，将它们分为低、中、高三个等级，具体见下表（"贝克"是放射性活度的计量单位）。

| 废料级别 | 典型特性 |
| --- | --- |
| 低放废料 | 放射性低于 $3.7 \times 10^6$ 贝克 / 升液体核废料，<br>低于 $3.7 \times 10^7$ 贝克 / 立方米的气体核废料，<br>低于 $1.91 \times 10^6$ 贝克 / 公斤固体核废料 |
| 中放废料 | 放射性在 $3.7 \times 10^6$ 贝克 / 升到 $3.7 \times 10^{11}$ 贝克 / 升之间的液体核废料，<br>放射性在 $1.91 \times 10^6$ 贝克 / 公斤到 $1.91 \times 10^7$ 贝克 / 公斤之间的固体核废料 |
| 高放废料 | 放射性大于 $3.7 \times 10^{11}$ 贝克 / 升的液体核废料，<br>放射性大于 $1.91 \times 10^7$ 贝克 / 公斤的固体核废料 |

# 我的废料有点特别

## 核能对小豆丁说

1987年，巴西有两个男子在一个废弃的医务所里发现一台铯射线治疗机。在这台治疗机中，他们发现了铯放射源，他们以为这是珍贵的物品，于是就向别人炫耀，最后让一百多人都受到核污染，导致多人死亡，大片的土地受到污染。

小豆丁，当我听说这件事后，难过极了，正是因为核废料的危险之处，才造成了这样严重的事故。我希望，你们能对核废料也要多加了解，对它进行妥善处理，这样才能避免类似的事故发生。

提到核废料，大家都是唯恐避之不及。2011年，一辆载有核废料的列车从法国核废料处理厂发出，准备运往德国。在运送途中遭到德国反核组织的阻拦，后来，德国不得不出动警力护航，才得以安全到达目的地。

为什么大家这样害怕核废料？主要是因为跟其他废料相比，核废料具有以下三个特征。

（1）核废料通常都具有放射性。对于这种放射性的处理，现在除了让它自身慢慢衰变外，基本就没什么特别的办法。如果这些放射性物质发生了泄漏，将会进入空气、水源，或被植物的根、茎、叶吸收，最终进入人体，危害人的身体健康。

（2）核废料还具有射线危害。它放出的射线主要是 α 射线、β 射线、γ 射线、X 射线和中子射线等，这些射线会对生物体产生辐射损伤。人如果长时间受到大剂量的射线照射，细胞组织会受到损害，人体的 DNA 分子结构也会受到破坏，有时甚至引发癌症。

（3）因为核废料里面含有放射性核素，它们衰变时会放出大量的热，这将会导致核废料的温度不断升高，甚至会使液体自行沸腾，固体自行熔融。此外，核废料的热效应，会改变地下介质场的温度分布，可能会对地质环境和生物圈产生影响。

目前，全世界已经聚集了几十万吨的高放废料，并且每年还在不断增长。怎么安全永久地处理这些核废料呢？科学家们认为必须要达到以下两个必要条件。

首先要能将核废料安全、永久地密封在一个容器里，并保证数万年内不能泄漏。怎么能做到这点呢？科学家们曾经以为，将核废料密封在陶瓷容器或厚厚的玻璃

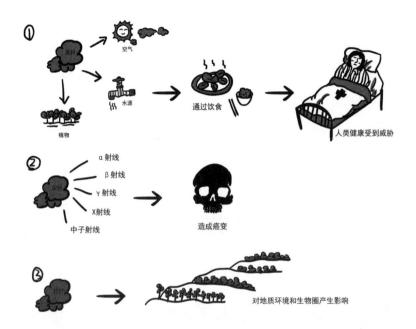

容器里面就能做到，但是他们想错了。

　　经过科学实验证明，这些容器只能存放 100 年。100 年以后，这些容器在放射线的猛烈轰击下就会爆裂，那时放射线四处扩散，后果不堪设想。直到现在，科学家还在苦苦寻觅，能承受几万年放射线辐射的物质。

　　另一个条件就是要找到一个安全、永久存放核废料的地点。这个地点可不是随便一个地方就能行的，它的物理环境要特别稳定，长时间也不会受到水和空气的侵蚀，并且还能经受住地震、火山、爆炸的冲击。

虽然科学家们说，核废料保存在花岗岩层、岩盐层以及黏土层可以数百年内不会遭到破坏，但是数百年后会不会被破坏科学家无法保证。于是他们建议，先将这些核废料暂存在一个稳定的地下深坑中，等到以后科学进步了，再来处理这些核废料。

对于那些高放废料，学术界认为，最稳妥的处置办法就地质深埋，但是因为要求特殊，并且技术复杂，全球现在还没有建立一座成型的永久性放置废料的"仓库"。

## 小豆丁懂得多

小豆丁，关于怎么处置核废料的问题，我们来看看芬兰是怎么做的吧。芬兰从建立第一座核电站开始，就开始研究怎么最终处置核废料的问题。他们从 1978 年开始，就将深地质处置作为候选方案之一，并进行了可行性研究。

1983 年，芬兰政府出台了乏燃料的管理政策，制定了两套方案：一套方案是，如果可以将乏燃料运至国际处置库，用不可回取的方式处理；另一套方案是，如果安全和环境许可，就在国内建设一座深层地质库，用来处理本国产生的乏燃料。

1994 年，芬兰修订了《核能法》，规定必须在国内处理所有核废料。1995 年，新成立的波西瓦公司，专门负责推进乏燃料处置库的建设工作。

2001 年，芬兰最终确定将处置库建立在奥尔基洛托（Olkiluoto）核电站附近的埃乌拉约基（Eurajoki）。其处置方案设计成 KBS–3 型多重屏障系统，将处置库建立在 400 ～ 500 米深的花岗岩基岩中，通过多重保护屏障将放射性废料包裹起来。

2015 年，芬兰政府向波西瓦公司发放了建设许可证，这是全球第一个发放的乏燃料最终处置库建设许可证。

2016 年，波西瓦公司开始建设。2018 年，波西瓦公司开始对处置库进行全规模现场系统测试。据估计，芬兰乏燃料最终处置库将在 2023 年建成投运。

# 世界乏燃料后处理现状

## 核能对小豆丁说

小豆丁，你是不是也把乏燃料当成是核废料了？其实这是两个不同的概念。核废料是指在核燃料生产、加工过程中产生的，以及在核反应堆中用过的不再需要的，且具有放射性的废料；而乏燃料通常是指在反应堆中使用过的核燃料。

从两者的定义可以看出，核废料不仅仅包括了乏燃料，还包括核燃料生产过程中产生的核废料，以及核电厂运行、退役后产生的废水、被污染的材料等。

此外，乏燃料到底算不算核废料，主要看采取了什么样的循环方式。如果采取一次通过式循环，也就是从核电站卸下后直接进行地质处理，那么乏燃料就是核废料；如果采取了闭式燃料循环，也就是再加工处理，将有用物质回收，那么剩下的高放废料才是最终的核废料。

154

小豆丁，你知道世界乏燃料后处理的现状如何吗？我还是给你讲讲吧！

核燃料在反应堆中降到一定程度后，就无法再让反应堆保持临界状态了，这时就要将核燃料卸下，这些卸下的核燃料就是乏燃料。这些乏燃料里面还含有大量的放射性元素，具有一定的放射性，如果不能妥善处理，将会严重影响人类的健康。

目前对乏燃料的处理主要有三种方式：一种是通过后处理设施，从乏燃料中回收其中的铀和钚；第二种是存放在中间贮存设施中；第三种是放入地质处置库中，进行最终处置。

到底采取哪种方式，长期以来存在很大的争议。目前，世界不同的国家根据各自战略需求制定了两种不同的技术路线：一种是一次通过式燃料循环；另一种是闭式燃料循环。美国、加拿大、芬兰、瑞典、德国等，采取的就是一次通过式循环；而法国、俄罗斯、日本、中国、印度采取的就是闭式燃料循环，这些国家在深埋之前，先用化学方法将乏燃料中有用的元素分离出来，然后将剩余的高放废料固化，最后再深埋处理。

还有一些国家，既没有采取一次通过式燃料循环，也没有采取闭式燃料循环，而是将乏燃料暂存起来，等以后找到合适的后处理方法后再进行处理。

为什么有的国家要对乏燃料进行闭式燃料循环呢？因为，这样可以回收一部分核燃料。对于那些铀矿不多的国家来说，可以节约天然铀资源；通过这样的闭式循环处理，可以为核电厂腾出乏燃料池堆放空间，解决部分核电厂空间不够的问题；通过闭式循环处理，可以减少需要深埋的高放废料，能将总量降低到原来的十分之一；此外，通过这样的闭式循环处理，可以让核废料的放射性从原来的几十万年缩短到 1 000 年左右。如我国的核电站，通过这样的处理后，还能为未来的快中子堆生产燃料，这是一举多得的事。

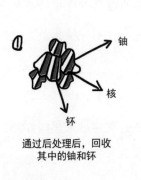

通过后处理后，回收
其中的铀和钚

存放在中间贮存设施中

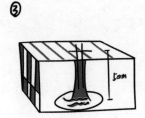

放入地质处置库

还有一些国家，将乏燃料暂存起来，等以后找到合适的后
处理方法后再进行处理

乏燃料的后处理"工艺"现在已经经历了四代，现将每一代简单介绍如下。

第一代处理技术。有一些国家直接将回收的铀临时存放起来，不进行提纯，用来作为军用钚的原料。

第二代处理技术。对溶剂萃取法工艺进行了优化，用于动力堆中乏燃料的后处理，实现了军用转商用，但存在核燃料损耗过高、辐射增加、分离纯化难度增加的缺点。

第三代处理技术。以动力堆元件氧化铀和钚铀氧化物混合乏燃料为处理对象，在回收铀钚的同时，还分离次锕系元素、长衰期裂变产物的水法工艺。

第四代处理技术。是干法后处理技术，主要用来处理那些难溶于水的辐照燃料及靶件、金属元件快堆乏燃料中锕系元素的回收分离。

乏燃料后处理是核燃料循环后端中最关键的一个环节。目前，全世界的乏燃料正在快速增长，大部分核电站的贮存水池已经处于饱和状态，越来越多的乏燃料将无处安放，人类急需找到一个更好的方法来解决乏燃料的问题。

## 小豆丁懂得多

小豆丁，你知道为什么有的国家对乏燃料选择了一次通过式燃料循环，而有的国家却选择了闭式燃料循环呢？

在核能开发的初期，人们认为，通过燃料的循环可以提高铀的利用率，可以节约铀资源，并且为以后的快中子堆生产燃料，那时科学家以为核能的发展会按照热中子堆、快中子堆和聚变堆的方向发展。于是，印度在 20 世纪 50 年代，日本于 60 年代制定了闭式燃料循环的线路。因为能源短缺，法国也于 60 年代最先执行了这样的战略。我国民用核能开始于 20 世纪 80 年代，于是就采用了大家认可的战略。

不过，随着对核能的认识加深，以及使用核能经验的累计，美国觉得闭式燃料循环既麻烦也不合算，并且快中子堆的希望也渺茫，于是就选择了一次通过式燃料循环。

# 听说有人想把核废料丢到太空或其他星球

## 核能对小豆丁说

小豆丁,你想过没有:既然地球已经无法容纳核废料了,为什么不将它们投放到广阔无垠的太空中去呢?要知道,地球在宇宙中只是一个小点,如果将这些核废料投放到太空,比如,将它们安放在一个离我们很远的星球上,这样即便核废料泄漏了对地球也没有什么影响。

小豆丁,如果人类技术可以做到,你觉得核废料能投放到太空吗?

既然人类能够将卫星、宇宙飞船送到天空,那么也能将核废料运送到太空。是的,相信人类可以做到这一点,但是为什么没有人去做呢?

因为人类目前进入太空需要用火箭,通过火箭的助推才能将卫星或宇宙飞船送到太空。但是,目前火箭的发射没法保证能 100% 成功,有时还会发生爆炸。如果火箭升到半空中发生了爆炸该怎么办？到时核废料就会飘洒而下，可能方圆数公里、几十公里，甚至上百公里都会被污染。如果万一在人口密集的城市，那样大的灾难，无人能承受。

用火箭将核废料投放到太空实在太危险了，现在没有哪一个国家敢冒这样大的风险。

除了风险巨大，运费也非常高昂。之前美国曾经发射了一个只有汽车大小的太空探测器，就花费了 15 亿美元。

并且，将核废料投放到太空，也要投放到远一些的地方或者其他的星球上，绝对不能投放到地球轨道上。

那么月球或者火星行不行呢？当然不行，月球可能是我们未来一个重要的能源开采基地，怎么能让核废料去污染它呢？火星也不行，那里有可能是人类未来移民的星球。不仅如此，太阳系里面的其他星球也不能随便乱投。因为我们现在还没确定哪些星球可能会对我们有用，哪些星球则完全无用，万一投放到对我们有用的星球，以后还得花费很大精力去清理，有点得不偿失。

如果直接将核废料投到太阳上去，利用太阳的高温直接将核废料处理了，不就完美了吗？想法很美好，但是以现在的技术我们还做不到。目前，我们的核废料还只能老老实实地待在地球。

也许，随着科技的进步，人类可以专门用一颗星球来存放各种废料，包括核废料。不过，也许那时，我们已经找到更好的方法去处理核废料，根本用不着再将核废料投放到太空了。

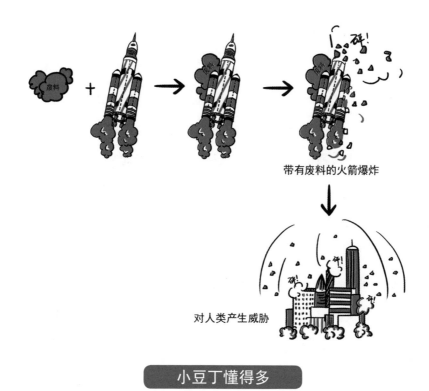

带有废料的火箭爆炸

对人类产生威胁

小豆丁懂得多

小豆丁，你知道吗？就是一般的中低放废料，想要衰变成无公害的物质都需要数百年的时间；那些经过后处理的高放废料通常需要 1 000 年，而那些乏燃料，

则需要数十万年。这么长的时间，按照现在核电的发展速度，未来我们可能很难再找到安放核废料的地点。所以当务之急还是要另辟蹊径，找到一种新的方法去处理核废料。

美国密歇根大学的科学家发现一种奇怪的细菌——硫还原地杆菌，这种细菌可以通过对附着物的侵食来清除多种毒素、油污，甚至是核废料。

小豆丁，你知道这种奇怪的细菌是怎样做到这一点的呢？原来这种细菌的表面，长着一种类似毛发的依附物——菌毛。通过菌毛，这种细菌将电子传递到"食物"上，于是就从中获取到"能量"，并且还改变了"食物"的离子态，让这些"食物"从水中沉淀出来。通过这种方法，这些细菌就能将铀从核废料中提取出来，这方便了我们处理核废料。

研究人员还发现，在有害化学物质越多的地方，这种细菌就会长出越多的菌毛，这样就会提出更多的有害物质。也许，这将成为未来处理核废料和其他有毒垃圾的最好办法。

# 08 听说我又要有一波新浪潮

我国核能的发展在世界上首屈一指，我们每一位中国小朋友，都应该为中国而自豪，争取长大了能贡献自己的一份力量……

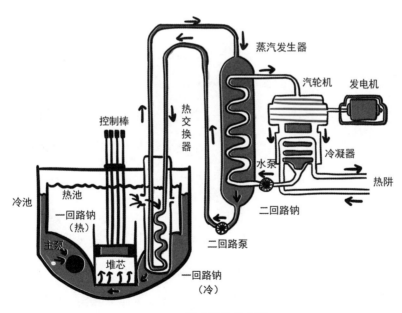

钠冷快堆示意图

# 小堆，我的又一"春"

小豆丁，说到核电站，你想到的是不是这是一项浩大工程，宏伟的建筑、高大的"烟囱"？是不是觉得离自己太远？其实，你有没有想过，有一天能在自己家院子里就能搭建一个小型核反应堆？这样每一天都能使用我，就像使用太阳能那样方便。

你知道吗？小豆丁，现在已经出现了一种新应用，就是小堆。这种小堆搭建简单，耗时也少，使用起来也方便，还可以根据客户的需求决定容量的大小，也许过不了多长时间，你就能用上这种新产品了。

小堆是跟大型反应堆相对应的概念，是小型先进模块化多用途反应堆的简称。简单来说，小堆就是指发电功率小于 300 MW 的核反应堆。20 世纪 80 年代，美国学者就提出了小堆的概念。现在美国、俄罗斯、中国、日本、法国、加拿大等国，

164

都在积极研发小堆。

为什么各国都这么热衷小堆的研发呢？因为当反应堆的体积逐渐缩小，直到我们可以用车辆或者船来运载，就是一个移动的"蓄电池"。

这样的移动"蓄电池"可是一个宝贝啊。比如，现在的核动力航母或核动力潜艇，就是利用核能持久的动力让他们的续航能力得到显著的提升。俄罗斯的KLT-40s型船舶，就是利用小堆来给船舶提供动力、电力供应，还有海水淡化，甚至还能破冰。

2012年，美国洛斯阿拉莫斯实验室开发了一种更小型的空间反应堆，体积只有纸篓大小，但是几台这样的设备就能提供一整座空间站的电力。

21世纪，美国、欧盟和俄罗斯将核动力跟电推进系统结合起来，大大提高了火箭的速度，开启了人类星际远航的梦想。

跟大型反应堆相比，小堆还具有以下的优势。

首先，小堆在建造的时候，大多采用模块化的方式，一些模块可以提前在工厂中批量完成，然后运到施工现场直接组装，这样既能降低建造成本，又能缩短建造周期。

其次，小堆的建造模式有多种。通常小堆在建造时可以选择多期单机组、多期双机组两种模式。采用这样的建造模式可以在总功率相同的情况下，让单个机组占地更少，从而节约更多的成本。

最后，跟大型反应堆发电相比，小堆更受国际市场的欢迎。因为小堆不受天气、地域等影响，运行成本低，续航能力强，所以融资也相对容易。此外，小堆完成前期机组建设后，就能运行发电，为后期建设积累资金。

不过，小堆也不是十全十美的。虽然是小型反应堆，它也会产生乏燃料，这样就会让乏燃料分布在世界上更多的地方。

尽管如此，现在国际市场非常需要这种以小型反应堆为核心的核电技术。因为大型反应堆初期投资大，并且建设周期长，风险还高，所以已经不再受市场欢迎。相反，那些中小型反应堆反而更受到市场的欢迎。

目前，我国已启动多功能模块化小型堆（"玲龙一号"）示范工程，其他国家也在积极研发小堆，看来小堆的"春天"已经来了。

## 小豆丁懂得多

小豆丁，你知道当下小堆的设计种类有哪些吗？

其实小堆的种类还是比较丰富的，有轻水反应堆、高温冷水反应堆、熔盐反应堆等。现在最常见的小堆是轻水堆，对其建造和运行的经验最为丰富。并且轻水堆设计之初投入低，前期建完后就能投入使用，获得效益后可以为后续建设提供必要的资金。总的来说，这种类型的小堆投资也不大，所以广受发展中国家的青睐。

小豆丁，小型堆技术发展很快，现在已经发展到第四代了。第四代小型堆技术主要包括：小型堆高温气冷堆、小型熔盐堆和小型液态金属冷却堆三种。

你知道吗？小型堆高温气冷堆的主要特点就是小型、安全，无论发生何种事故，都能让异常反应堆迅速停止反应，从而实现安全停堆。并且停堆后的余热，也能通过多种自然散热方式消散掉，不会引起安全事故。目前，中国、日本、美国、法国都有这种小型堆。

小型移动电源

小型熔盐堆的突出特点就是安全性和多用途性。目前，美国、加拿大、日本、丹麦等国有熔盐堆的设计方案。

小型液态金属冷却堆，可在常压下运行，热电转化率比其他几种高，并且安全性也高，非常适合商业堆应用。美国、俄罗斯、日本、中国都有小型液态金属冷却堆的设计方案。目前，这些方案处于设计或建造阶段。

2019 年 10 月，我国首座铅铋合金零功率反应堆"启明星 III 号"实现临界成功。跟传统反应堆相比，铅铋合金反应堆具有更高的安全性，更高的能量密度和更长的运行寿命。它既可以设计成百万千万级别的大型核电厂，也可以设计成小型模块化核电源，甚至可以做成小型移动电源，装在普通的车辆上。

# 你知道第四代核电技术吗

　　小豆丁，我要祝贺你们，你们国家首座也是世界首座20万千瓦的，具有第四代核电站特征的石岛湾高温气冷堆核电站商业示范工程（位于山东省荣成市），已经顺利进入调试阶段，预计2021年年底实现首堆并网发电。

　　你们真的很了不起，短短几十年，已经对我了解得如此之深，并充分利用我来发展你们的经济，让人们过上幸福的生活。我很开心，我能为你们贡献自己的能量，我希望你们能继续努力，加深对我的了解，让我发挥出更大的能量。

　　第四代核电技术是一种更先进的核电技术。它具有更好的安全性和可靠性，能大幅降低堆芯损伤的概率和程度；它具有更高的经济性，其发电成本与天然气火力发电站相当，并且资金风险也与其他能源相当；它能对核燃料有效地利用，并且产生的核废料也少，可以保证公众健康和保护环境；它还能有效防止核扩散，保证其核燃料不会被用于核武器和被盗窃；它代表了先进核电技术的发展趋势和技术前沿。

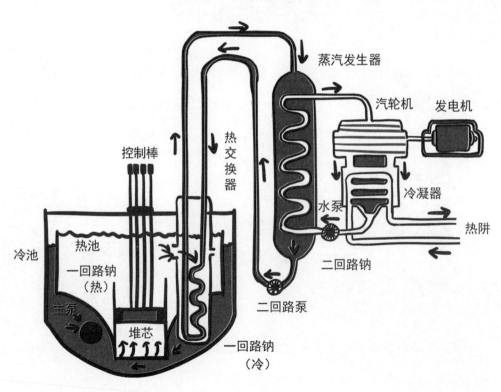

钠冷快堆示意图

其实，第四代核电技术通常是指，利用快中子反应堆技术，不使用铀燃料，而是使用钚–239作燃料。也就是说，在堆芯燃料钚–239的外面放置的是铀–238，当堆芯里面的钚–239发生裂变反应时，释放出来的快中子就会被外面放置的铀–238所吸收，然后铀–238就会变成钚–239，同时释放大量的能量。

利用这种方法，不仅能提高能量的产生，还将铀–238这一核废料充分利用起来，解决了核废料的污染问题，从而让核电站的安全性和经济性都得到提高。

作为第四代核电技术中的钠冷快堆及铅冷快堆，因技术相对成熟而受到各国青睐。

## 小豆丁懂得多

小豆丁，你知道"第四代国际核能论坛"（GIF）吗？这是一个组织，这个组织约定共同合作研发第四代核电技术。

2002年，这个组织的成员一致同意开发以下六种第四代核电站概念堆系统。

1. 气冷快堆系统

它是一种快中子能谱，用氦来冷却的反应堆，采用了闭式燃料循环。气冷快堆系统采用直接循环氦汽轮机发电，或采用其工艺热进行氢的热化学生产。通过再循环，气冷快堆系统能将长寿命放射性废物的产生量降到最低。

2. 铅合金液态金属冷却快堆系统

它是快中子谱铅（或铅／铋共晶）液态金属冷却堆，采用的也是闭式燃料循环。它依靠自然对流冷却，反应堆出口冷却剂的温度是550℃。该系统的特点是，其电厂额定功率可以根据实际情况进行选择，既可以用它建成一座大型发电厂，也可以建成一座小型电厂。

3. 熔盐反应堆系统

它是超热中子谱堆，采用完全再循环的燃料循环，该系统冷却剂的出口温度为700～800℃，热效率高。

4. 液态钠冷却快堆系统

它是快中子谱钠冷堆，采用了可有效控制锕系元素及可转换铀的转化的闭式燃料循环。它主要用于管理高放废料，尤其是管理钚和其他锕系元素。

5. 超高温气冷堆系统

它采用一次通过式铀燃料循环的石墨慢化氦冷堆。该系统采用的是铀／钚燃料循环，其反应堆堆芯可以是棱柱块状堆芯，也可以是球床堆芯。它可为石油化工或其他行业生产氢或工艺热，堆芯出口温度为1 000℃。

6. 超临界水冷堆系统

此系统是高温、高压水冷堆,在水的热力学临界点(374℃,22.1 MPa)以上运行。该系统的特点是,冷却剂在反应堆中不改变状态,直接与能量转换设备相连接,因此可大大简化电厂配套设备。该系统反应堆出口温度为510℃～550℃。

# 激光核聚变的新突破

## 核能对小豆丁说

　　小豆丁，你知道的，想要实现可控核聚变真的很难。不过虽然实现可控核聚变困难重重，但是科学家从来都没放弃希望，一直在努力奋斗。因为核聚变所需要的原料（氘和氚）储量非常丰富，比核裂变所需要的原料储量多得多。另外，核聚变既不会像化石燃料那样释放二氧化碳和其他有毒气体，也不会像核裂变反应那样释放半衰期非常长的高放核废料。如果将核聚变产生的巨大能量有效利用起来，将会解决能源短缺的世界性难题。

　　想要实现核聚变，必须要有极高的温度和极大的压力。因为温度越高，粒子运动得越剧烈，这样两个原子核才能靠得足够近，才能发生核聚变反应，释放出巨大的能量。

根据科学家的理论计算，想要发生核聚变等离子体的温度至少要达到 1.1 亿摄氏度。这还不够，要想让两个原子核足够靠近，还必须要有足够的压力，让等离子体的体积被压缩到足够小。据计算，想要让氘、氚原子核碰撞，等离子的密度要达到 200 ～ 1 000 g/cm³，差不多是固态铅密度的 100 倍。

让"类气体"的等离子体密度远远高于铅，谈何容易！只有强大的压力才能让它们发生碰撞，据计算，这个强大的压力要达到 1 000 亿倍的标准大气压。

怎么才能达到这两个条件呢？迄今为止，有两种方案可能实现可控核聚变。第一种就是"磁约束核聚变"，目前由七国联合建设的国际热核聚变实验堆（ITER）研究，这个我们将在下一节讲解。

第二种就是"惯性约束核聚变"。这是一种在瞬间将含有聚变物质氘和氚的微型燃料靶丸，加热到极高温度，并同时施加极大压力，让靶丸物质被高度压缩而导致"点火"，从而引发核聚变的过程。

科学家设想制造一个中空的、直径约为 2 毫米左右的微型塑胶小球丸。在小球丸中密封 150 微克的氘、氚混合反应物。然后让这些反应物在二百亿分之一秒的时间内被加热至 1.1 亿摄氏度以上的极高温度，于是，小球丸外表面物质原子的外层电子会被迅速剥离，形成带正电的原子核。因为排斥力，这些带正电的原子核就会高速飞离小球丸，同时对小球丸中心产生强大的反作用力，形成"冲击波"。

这强大的"冲击波"会从四面八方对小球中心产生一个极大的压力，从而形成足够强大的惯性约束，让小球丸内各原子核在同一瞬间受到极大的压力，从而能克服原子核之间的斥力聚合在一起，于是核聚变反应就产生了。

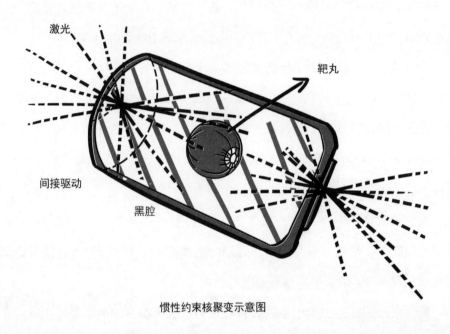

惯性约束核聚变示意图

但是，用什么方法来加热并压缩小球丸呢？科学家发现，高能离子束或者 X 光束可以做到。科学家知道，激光束具有高能密度的特性，强激光脉冲能够电离气体中的原子，让电子与原子核分开，产生等离子体。

为了探寻激光核聚变的可能，美国建设一个世界上最强大激光核聚变装置，也称美国国家点火装置（简称 NIF）。其原理是把 200 万焦耳的能量，通过 192 条激光束聚焦到一个很小的点上，从而产生极高的温度和压力，引发核聚变。

　　该装置在首次"点火"时，就实现了能量"盈余"。虽然盈余的能量有限，但这个实验证明了核聚变的可能性。2012 年，192 支高能激光器发射的紫外激光脉冲虽然只维持了 10 亿分之 23 秒，但产生的能量却高达 500 万亿瓦。

　　专家预测，到 21 世纪中叶就有可能实现一整套商业上可运行的、成熟的可控激光核聚变发电厂。

## 小豆丁懂得多

　　小豆丁，你知道中国惯性约束核聚变装置叫什么吗？对的，叫"神光"，所谓"神光所至，石破天惊"，这是个多么诗意的名字，这个激光聚变装置是中国自行研发的，你们真是太棒了！你知不知道"神光"的历史？那听好了，我来告诉你啊。

　　1964 年，中国著名科学家王淦昌提出了用激光实现核聚变的设想，于是中国专门成立了中国科学院上海精密机械研究所，这个研究所主要研究高效率激光装置。在 1975 年底就建成了 10 万兆瓦的高效率激光装置。1981 年时，中国决定建立神光Ⅰ装置；1987 年，神光Ⅰ装置就通过了验收。

中国并没有满足取得的成就，决定向更高目标迈进。1995 年，神光Ⅱ装置建设正式启动。这个装置是由几百台套激光单元和组件集成的，它瞬间释放的功率是全中国电站功率总和的很多倍。这样厉害的装置，在 2001 年就建成了，它的运行体现了中国研制大型激光驱动器的能力。后来，中国又对神光Ⅱ装置进行了多次升级，并对能源系统、靶场系统等进行了维修改造，让神光Ⅱ装置的年打靶次数和运行成功率更上一层楼，其稳定运行指标达到了国际先进水平。

中国在升级神光Ⅱ的时候，已经在研制神光Ⅲ了。2010 年神光Ⅲ的主机按计划完成，成为亚洲最大，世界第二大激光装置。2015 年，神光Ⅲ主要性能指标均达到设计要求，2020 年神光Ⅲ已经建成并投入使用，可输出 48 束激光，这标志着中国在惯性约束核聚变领域已经进入世界先进水平。

小豆丁，你们的前辈已经给你们铺好了一条康庄大道，你们要继续努力去书写美好的未来。

# 中国的"人造太阳"火了

## 核能对小豆丁说

　　小豆丁，我们都知道，太阳之所以能给地球提供无穷无尽的清洁能源，是因为太阳通过核聚变将我释放了出来。于是有一些人就想，既然太阳能释放大量的清洁能源，那么能不能在地球上造个"太阳"，通过人为控制，让它来为人类提供无穷无尽的清洁能源呢？据计算，一座这样的"人造太阳"可以连续工作 3 000 年，并且还安全清洁，可以解决很长一段时间内人类的能源不足问题。小豆丁，你觉得这个计划怎么样？

　　太阳之所以会释放如此之多的能量，是因为太阳的内核里每秒都有超过 6.5 亿吨的氢元素参与了聚变反应，产生了大约 $4.04 \times 10^{26}$ 焦耳的能量。这些能量通过光子的辐射，经过大约十几万年的时间从内核走到对流层，然后再用 28 小时达到太阳表面，最后经过大约 8 分钟到达地球，让人们享受到阳光的温暖。

但是，想要建造一个"人造太阳"可不是那么容易的事。不说核聚变反应需要的超高温和超高压力条件，就是核聚变发生后生成的那些上亿摄氏度的等离子体的储存也是大难题。

为了早日解决人类的能源问题，一些国家提议，成立一个国际热核聚变实验堆（ITER）计划，各成员国展开国际合作，首次建造可实现大规模聚变反应的聚变实验堆，解决核聚变中的大量技术难题。其实，ITER 装置，就是一个能产生大规模核聚变反应的超导托卡马克，俗称"人造太阳"。

2003 年，我国加入 ITER 计划谈判，2006 年我国与欧盟、印度、日本、韩国、俄罗斯和美国共同起草了 ITER 计划协定。

在 ITER 计划的总框架下，我国自行设计、研制的世界第一个非圆截面全超导托卡马克 EAST 核聚变实验装置，简称为"东方超环"。2006 年，它成功完成首次工程调试后，开始对国内外聚变同行全面开放。

EAST 是一个磁约束核聚变实验装置，能实验并模拟太阳的核聚变过程。它可以让海水中大量存在的氘和氚在高温高压等条件下，发生像太阳那样的核聚变，从而产生源源不断的新能源。从 2007 年通过国家验收以来，就取得了一系列的研究成果，曾创下了多项世界纪录。

2012 年实现 30 秒高约束等离子体放电；2016 年达到了 5 000 万℃，并获得 60 秒的完全非感应电流驱动（稳态）高约束模等离子体；2017 年达到了 8 000 万℃，并实现了稳定的 101.2 秒稳态长脉冲高约束等离子体运行，创造了新的世界纪录；2018 年又创造了 1 亿摄氏度的超高温，将我国核聚变的技术推到国际前列。

作为 EAST 的一部分，中国新一代可控核聚变研究装置"中国环流器二号 M（HL–2M 托卡马克）"，于 2020 年底在成都建成，并实现首次发电。跟现有的托卡马克相比，中国环流器二号 M 装置采用了更加先进的结构和装置，有望让产生的等离子体温度超过 2 亿摄氏度，到时可能会带给我们一些意想不到的结果。

在 EAST 实验装置的基础上，2017 年，中国聚变工程实验堆（CFETR）项目在合肥正式开启工程设计，中国开始探索"人造太阳"的新征程，要将之前的聚

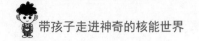

变研究实用化。

## 小豆丁懂得多

　　小豆丁，中国的"人造太阳"再创全新的世界纪录，实现了可重复的1.2亿摄氏度101秒和1.6亿摄氏度20秒等离子体运行。中国人真是太了不起了，你知道这意味着什么吗？这意味着人类离清洁能源又近了一步。

　　为什么这么说呢？因为维持高温的时间延长意味着该设备稳定放电延长，这对可控核聚变来说是必不可少的。核反应堆只有重复、稳定地"燃烧"，才能实现重复、稳定地或稳态放电，人类才能实现可控核聚变。

　　小豆丁，中国短短几十年就走到这一步真的很不容易。20世纪70年代西方国家开始建立托卡马克，探寻磁约束核聚变装置时，中国的核能发展还是很落后的。直到90年代时，中国才从苏联买来一套他们淘汰下来的旧超导托卡马克装置。

　　中国得到这套装置后，并没有直接使用，而是对其进行了拆解和改造，最后让这套装置做到了1 000万摄氏度持续60秒钟。这个成就很厉害，要知道，当时其他国家只能做到几秒钟。但是中国人并没有止步，而是继续对这个装置进行改造，并以这个装置为平台培养了大批人才，最后制造了中国自己的"人造太阳"（EAST），还取得了一个又一个耀眼的成绩。

从 20 世纪 60 年代起，很多国家都建立了核聚变研究设施，但是因为希望渺茫，很多国家的核聚变项目基本停滞下来，就连 ITER 都受到影响，但是中国却始终持之以恒，并制定了要在 2050 年实现核聚变能源商业生产的目标。中国有句古话说"只要功夫深，铁杵磨成针"，我看好你们！

# 参考文献

[1] 弗格森 . 核能 [M]. 武汉 : 华中科技大学出版社，2020.

[2] 卡维东 . 探秘核电站 [M]. 杭州 : 浙江教育出版社，2017.

[3] 王亚宏 . 核能的谎言与真相 [N]. 中国证券报，2019.06.15.

[4] 石云里 . 一瓣太阳 [M]. 上海 : 上海教育出版社，2018.

[5] 费曼 . 费曼物理学讲义 [M]. 上海 : 上海科学技术出版社，2020.